高职装配式混凝土建筑“互联网+”十三五规划教材

装配式混凝土建筑概论

（第二版）

主　编　陈锡宝　杜国城

副主编　潘立本　刘　毅　汪晨武

主　审　张建荣

内容提要

本书为装配式建筑教材系列之一，叙述了装配式建筑的基本概念，类别，装配式混凝土建筑的设计、生产、装配和施工，以及管片生产制作和安装的基本原理和操作技能。全书共分为8章，第1章：装配式钢结构建筑；第2章：装配式木结构建筑；第3章：装配式混凝土建筑概述；第4章：装配式混凝土建筑设计及主要构件；第5章：装配式混凝土建筑构件生产；第6章：装配式混凝土建筑施工技术；第7章：管片生产制作；第8章：管片安装施工。

本书可作为高职土建类专业相关课程教材，也可以作为装配式混凝土建筑实训教材。

图书在版编目(CIP)数据

装配式混凝土建筑概论/ 陈锡宝，杜国城主编. —2版. —
上海：上海交通大学出版社，2017(2021重印)
ISBN 978-7-313-16790-3

Ⅰ. ①装… Ⅱ. ①陈… ②杜… Ⅲ. ①装配式混凝土
结构—建筑学—高等职业教育—教材 Ⅳ. ①TU37

中国版本图书馆CIP数据核字(2017)第052094号

装配式混凝土建筑概论(第二版)

主　　编：陈锡宝　杜国城
出版发行：上海交通大学出版社　　地　　址：上海市番禺路951号
邮政编码：200030　　电　　话：021-64071208
印　　制：上海盛通时代印刷有限公司　　经　　销：全国新华书店
开　　本：787 mm×1092 mm　1/16　　印　　张：10.25
字　　数：231千字
版　　次：2017年4月第1版　2018年7月第2版　　印　　次：2021年9月第3次印刷
书　　号：ISBN 978-7-313-16790-3
定　　价：39.00元

高职装配式混凝土建筑
“互联网+”十三五规划教材
编委会名单

Foreword To The Second Edition

再版前言

2016 年 2 月 6 日《中共中央国务院关于进一步加强城市建设管理工作的若干意见》及 2016 年 9 月 27 日国务院常务会议审议通过的《关于大力发展装配式建筑的指导意见》中提出，10 年内，我国新建建筑中，装配式建筑比例将达到 30%。由此，我国每年将建造几亿平方米装配式建筑，这个规模和发展速度在世界建筑产业化进程中也是前所未有的，我国建筑界面临巨大的转型和产业升级压力。因此，按期完成既定目标，培养成千上万名技术技能应用人才刻不容缓。

教育必须服务社会经济发展，服从当前经济结构转型升级需求。土建类专业如何实现装配式建筑“标准化设计、工厂化生产、装配化施工、一体化装修、信息化管理和智能化应用”，全面提升建筑品质、建筑业节能减排和可持续发展目标，人才培养则是一项艰苦而又迫切的任务。

教材是实现教育目的的主要载体。高等职业教育教材的编写，更应体现高职教育特色。高职教学改革的核心是课程改革，而课程改革的中心又是教材改革。教材内容与编写体例从某种意义上讲决定了学生从该门课程中能学到什么样的知识，把握什么技术技能，养成什么样的综合素质，形成什么样的逻辑思维习惯等等。因此，教材质量的好坏，直接关系到人才培养的质量。

基于对我国建筑业经济结构转型升级、供给侧改革和行业发展趋势的认识，针对高职建筑工程技术专业人才培养方案改革及教育教学规律的把握，上海思博职业技术学院与宝业集团股份有限公司、上海维启科技软件有限公司、上海住总工程材料有限公司、上海建工集团及部分高校合作编写了高职装配式混凝土建筑“互联网+”十三五规划教材。

本套教材以高职装配式混凝土建筑应用技术技能人才培养为目标。系列教材包括《装配式混凝土建筑概论》(第二版)，《装配式混凝土建筑识图与构造+习题集(套)》《装配式混凝土建筑生产工艺与施工技术》(第二版)，《装配式混凝土建筑法律法规精选》《装配式混凝土建筑工程测量+实训指导(套)》《装配式混凝土建筑工程监理与安全管理》《装配式混凝土建筑规范与质量控制》《装配式混凝土建筑计量与计价+实训指导(套)》《装配式混凝土建筑项目管理与 BIM 应用》《装配式混凝土建筑 BIM 软件应用技术》《装配式混凝土建筑三维扫描与制造技术》《装配式混凝土建筑构件运输与吊装技术+实训指导(套)》。

本教材编写时力求内容精炼、重点突出、图文并茂、文字通俗,配合 AR、二维码等互联网技术和手段,体现教材的时代特征。

本丛书编写体现以下三个特点:

第一,紧贴规范标准,对接职业岗位。高校与企业合作开发课程,根据装配式混凝土建筑规范、工艺、施工、技术和职业岗位的任职要求,改革课程体系和教学内容,突出职业能力。

第二,服从一个目标,体现两个体系。本丛书在编写中注重理论教学体系和实践教学体系的深度融合。教材内容紧贴生产和施工实际,理论的阐述、实验实训内容和范例有鲜明的应用实践性和技术实用性。注重对学生实践能力的培养,体现技术技能、应用型人才的培养要求,彰显实用性、直观性、适时性、新颖性和先进性等特点。

第三,革新传统模式,呈现互联网技术。本套教材革新传统教材编写模式,较充分地运用互联网技术和手段,将技术标准生产工艺与流程,以及施工技术各环节,以生动、灵活、动态、重复、直观等形式配合课堂教学和实训操作,如 AR 技术、二维码等融入,形成较为完整的教学资源库。

本教材于 2017 年 4 月正式出版,受到多所学校的欢迎。经实际使用,主编对书中存在的不足之处及时作了修改。使本书第二版无论从版面设计以及内容较之第一版更上一层。

装配式建筑是国内刚起步发展中的行业,很多课题正在研究探索之中,加上我们理论水平和实践经验有限,本套教材一定存在不少差错和不足,恳请专家读者给予批评指正,以便我们修订。

Foreword

前　言

2016年2月6日《中共中央国务院关于进一步加强城市建设管理工作的若干意见》及2016年9月27日国务院常务会议审议通过的《关于大力发展装配式建筑的指导意见》中提出，10年内，我国新建建筑中，装配式建筑比例将达到30%。由此，我国每年将建造几亿平方米装配式建筑，这个规模和发展速度在世界建筑产业化进程中也是前所未有的，我国建筑界面临巨大的转型和产业升级压力。因此，按期完成既定目标，培养成千上万名技术技能应用人才刻不容缓。

教育必须服务社会经济发展，服从当前经济结构转型升级需求。土建类专业如何实现装配式建筑"标准化设计、工厂化生产、装配化施工、一体化装修、信息化管理和智能化应用"，全面提升建筑品质、建筑业节能减排和可持续发展目标，人才培养则是一项艰苦而又迫切的任务。

教材是实现教育目的的主要载体。高等职业教育教材的编写，更应体现高职教育特色。高职教学改革的核心是课程改革，而课程改革的中心又是教材改革。教材内容与编写体例从某种意义上讲决定了学生从该门课程中能学到什么样的知识，把握什么技术技能，养成什么样的综合素质，形成什么样的逻辑思维习惯等等。因此，教材质量的好坏，直接关系到人才培养的质量。

基于对我国建筑业经济结构转型升级、供给侧改革和行业发展趋势的认识，针对高职建筑工程技术专业人才培养方案改革及教育教学规律的把握，上海思博职业技术学院与宝业集团股份有限公司、上海维启科技软件有限公司、上海住总工程材料有限公司、上海建工集团及部分高校合作编写了高职装配式混凝土建筑"互联网+"十三五规划教材。

本套教材以高职装配式混凝土建筑应用技术技能人才培养为目标。教材有《装配式混凝土建筑概论》《装配式混凝土建筑识图与构造+习题集(套)》《装配式混凝土建筑生产工艺与施工技术》《装配式混凝土建筑法律法规精选》《装配式混凝土建筑工程测量+实训指导

(套)》《装配式混凝土建筑工程监理与安全管理》《装配式混凝土建筑规范与质量控制》《装配式混凝土建筑计量与计价+实训指导(套)》《装配式混凝土建筑项目管理与 BIM 应用》《装配式混凝土建筑 BIM 软件应用技术》《装配式混凝土建筑三维扫描与制造技术》《装配式混凝土建筑构件运输与吊装技术+实训指导(套)》。

本教材编写时力求内容精炼、重点突出、图文并茂、文字通俗,配合 AR、二维码等互联网技术和手段,体现教材的时代特征。

本丛书编写体现以下三个特点:

第一,紧贴规范标准,对接职业岗位。高校与企业合作开发课程,根据装配式混凝土建筑规范、工艺、施工、技术和职业岗位的任职要求,改革课程体系和教学内容,突出职业能力。

第二,服从一个目标,体现两个体系。本丛书在编写中注重理论教学体系和实践教学体系的深度融合。教材内容紧贴生产和施工实际,理论的阐述、实验实训内容和范例有鲜明的应用实践性和技术实用性。注重对学生实践能力的培养,体现技术技能、应用型人才的培养要求,彰显实用性、直观性、适时性、新颖性和先进性等特点。

第三,革新传统模式,呈现互联网技术。本套教材革新传统教材编写模式,较充分地运用互联网技术和手段,将技术标准生产工艺与流程,以及施工技术各环节,以生动、灵活、动态、重复、直观等形式配合课堂教学和实训操作,如 AR 技术、二维码等融入,形成较为完整的教学资源库。

装配式建筑是国内刚起步发展中的行业,很多课题正在研究探索之中,加上我们理论水平和实践经验有限,本套教材一定存在不少差错和不足,恳请专家读者给予批评指正,以便我们修订。

Contents

目　录

绪论 …… 1

第 1 章　装配式钢结构建筑 …… 3
1.1　装配式钢结构建筑概述 …… 3
1.2　装配式钢结构国外发展现状及主要结构体系 …… 4
1.3　国内装配式钢结构发展现状及主要结构体系 …… 8
1.4　我国现有装配式钢结构建筑存在问题及发展对策 …… 12

第 2 章　装配式木结构建筑 …… 15
2.1　木结构概念及特点 …… 15
2.2　国外木结构发展现状 …… 24
2.3　国内木结构发展现状 …… 26

第 3 章　装配式混凝土建筑概述 …… 30
3.1　装配式混凝土建筑简介 …… 30
3.2　国外装配式混凝土建筑发展历程及现状 …… 42
3.3　国内装配式混凝土建筑发展历程及现状 …… 48

第 4 章　装配式混凝土建筑设计及主要构件 …… 58
4.1　协同设计 …… 58
4.2　装配式混凝土模块化标准设计体系 …… 61
4.3　主要构件类型 …… 66

第 5 章　装配式混凝土建筑构件生产 …… 74
5.1　预制构件生产情况 …… 74
5.2　预制构件生产方式和设施设备 …… 76

5.3 预制构件制作 …… 80
5.4 预制构件的质量检验 …… 89
5.5 预制构件的堆放与运输 …… 91
5.6 预制构件的生产管理 …… 93

第6章 装配式混凝土建筑施工技术 …… 97
6.1 施工技术发展历程 …… 97
6.2 施工准备工作 …… 98
6.3 装配整体式剪力墙结构的施工 …… 101
6.4 双面叠合剪力墙结构的施工 …… 106
6.5 装配整体式框架结构的施工 …… 108
6.6 装配式建筑铝模的施工 …… 113

第7章 管片生产制作 …… 116
7.1 管片生产设备的强制规定 …… 116
7.2 管片生产设备的操作规程 …… 116
7.3 管片生产制作的操作规程 …… 120
7.4 管片质量检验标准 …… 124

第8章 管片安装施工 …… 134
8.1 管片安装作业流程 …… 134
8.2 管片进场作业 …… 135
8.3 管片防水材料粘贴作业 …… 137
8.4 管片运输作业 …… 140
8.5 管片拼装作业 …… 142
8.6 管片缺陷处理作业 …… 144

附录 中国装配式混凝土结构相关标准 …… 148

参考文献 …… 150

后记 …… 151

绪　论

随着我国经济社会发展的转型升级，特别是城镇化战略的加速推进，建筑业在改善人民居住环境、提升生活质量中的地位凸显。但遗憾的是，目前我国传统“粗放”的建造模式仍较普遍，一方面，生态环境严重破坏，资源能源低效利用；另一方面，建筑安全事故高发，建筑质量亦难以保障。因此，传统的工程建设模式亟待转型。

装配式混凝土建筑是指以工厂化生产的混凝土预制构件为主，通过现场装配的方式设计建造的房屋建筑，具有提高质量、缩短工期、节约能源、减少消耗、清洁生产等许多优点。

与传统现浇混凝土结构相比，装配式混凝土结构从设计到施工差异较大，图 0－1 为现浇混凝土施工流程，从项目立项到建筑验收使用，整体流程基本为单线，且经过各单位多年实践对于项目组织管理已较为清晰。图 0－2 为装配式建筑建设流程，与现浇混凝土结构相比，装配式建筑的建设流程更全面、更精细、更综合，增加了技术策划、工厂生产、一体化装修等过程。且在方案设计阶段之前增加了前期技术策划环节，以配合预制构件的生产加工需求对预制构件加工图进行设计，对各参与单位的技术水平、生产工艺、生产能力、运输条件、管理水平等提出了更高的要求。需建设、设计、生产、施工和管理等单位精心配合、协同工作。

目前，装配式建筑主要可分为钢结构建筑、木结构建筑及装配式混凝土建筑三种类型。

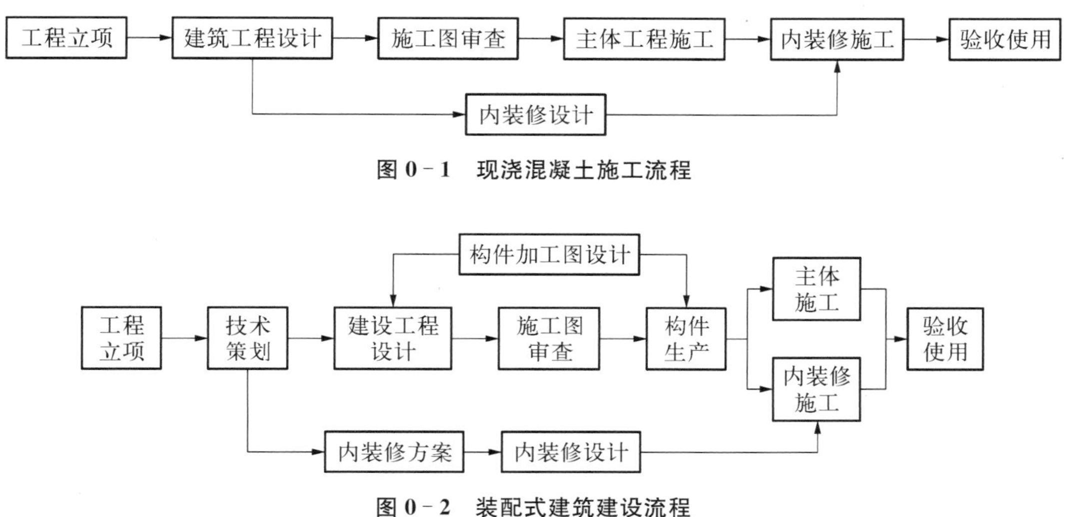

图 0－1　现浇混凝土施工流程

图 0－2　装配式建筑建设流程

1. 钢结构建筑

钢结构建筑与装配式混凝土建筑相比，具有生产简便、环保、可回收再利用的特点，有助于减少建筑垃圾的产生，符合可持续化发展的方针。且自 1996 年，我国钢产量突破 1 亿吨，我国钢铁产量已连续 21 年保持世界第一。但 2012 至 2014 年我国建筑钢结构产量占建筑总用钢量 9%～10%左右，建筑钢结构产量仅占到全国钢材总量 5%左右，而发达国家此两类的比例分别为 30%、10%。发展装配式钢结构建筑能同时带动相关的建筑材料、冶金化工和机械等产业的共同发展，提高建设水平和提高居民居住水平，促进国民经济的增长。现有与钢结构设计、制造、施工相关的国家与行业标准、技术规范、规程近 140 余项，较 20 世纪 80 年代约增加了两倍以上，基本可以满足现有工程需求。政策推进力度不断加大，企业和科研单位积极探索技术体系，建成了武汉世纪家园、上海北蔡试点工程、北京市郭庄子住宅小区等一批代表性钢结构住宅项目。

2. 木结构建筑

我国木结构建筑历史可以追溯到 3500 年前。1949 年新中国成立后，砖木结构凭借就地取材、易于加工的突出优势，在当时的建筑中占有相当大的比重。20 世纪 70—80 年代，由于森林资源量的急剧下降、快速工业化背景下钢铁、水泥产业的大发展，我国传统木结构建筑应用逐渐减少，大专院校陆续停开木结构课程，对于木结构的研究与应用陷入停滞状态。加入 WTO 后，随着现代木结构建筑技术的引入，我国的木结构建筑开始了新一轮发展。

木结构建筑发展的政策环境不断优化，在最新发布的几个国家政策文件中分别提出在地震多发地区和政府投资的学校、幼托、敬老院、园林景观等新建低层公共建筑中采用木结构。低层木结构建筑相关标准规范不断更新和完善，逐渐形成了较为完整的技术标准体系。国内已建设了一批木结构建筑技术项目试点工程，上海、南京、青岛、绵阳等地的木结构项目实践为技术、标准的完善积累了宝贵经验，也为木结构建筑在我国的推广奠定了基础。截至 2013 年底，我国木材加工规模以上企业数量达 1 416 家，全国专业木结构施工企业由十年前的不到 20 家发展到现阶段已超过 200 家。2014 年全国木材产业总产值 2.7 万亿元，进出口总额 1 380 亿美元。

3. 装配式混凝土结构

近两三年来，在各级领导的高度重视下，装配式建筑呈现快速发展局面。突出表现为以产业化试点城市为代表的地方，纷纷出台了一系列的技术与经济政策，制定了明确的发展规划和目标，涌现了大量龙头企业，建设了一批装配式建筑试点示范项目。

到 2015 年底，全国大部分省市明确了推进装配式建筑发展的职能机构，在国家住宅产业化综合试点示范城市带动下，有 30 多个省级或市级政府出台了相关的指导意见，在土地、财税、金融、规划等方面进行了卓有成效的政策探索和创新。各类技术体系逐步完善，相关标准规范陆续出台，初步建立了装配式建筑结构体系、部品体系和技术保障体系，为装配式建筑进一步发展提供了一定的技术支撑。供给能力不断增强，各地涌现了一批以国家住宅产业化基地为代表的龙头企业，并带动整个建筑行业积极探索和转型发展。装配式建筑设计、部品和构配件生产运输、施工以及配套等能力不断提升。截至 2014 年年底，据不完全统计，全国 PC 构件生产线超过 200 条，产能超过 2 000 万 m^3，如按预制率 50%和 20%分别测算，可供应装配式建筑面积 8 000 万 m^2 到 2 亿 m^2。

第1章 装配式钢结构建筑

与装配式混凝土结构相比，钢结构建筑具有生产简便、环保、可回收再利用的特点，有助于减少建筑垃圾的产生，符合可持续化发展的方针。发展装配式钢结构建筑能同时带动相关的建筑材料、冶金化工和机械等产业的共同发展，提高建设水平和提高居民居住水平，促进国民经济的增长。且目前我国装配式钢结构体系研究完善，国家及行业规范规程体系完整，推广钢结构对我国装配式建筑发展有着积极作用。

1.1 装配式钢结构建筑概述

钢结构是一种最符合“绿色建筑”概念的结构形式。因为钢结构最适用于工厂化生产，可以将钢结构的设计、生产、施工、安装通过 BIM 平台实现一体化，变“现场建造”为“工厂制造”，提高住宅的工业化和商品化水平。同时，钢结构自重轻，基础造价低，其施工安装便捷，施工周期较短，且可以实现现场干作业，降低环境污染，材料还可以回收利用，符合国家倡导的环境保护政策。图 1-1 为钢结构的 AR 模型。

图 1-1 钢结构的 AR 模型

AR 装配式

与传统的住宅结构相比，装配式钢结构具有以下优点。

1. 空间布置灵活、集成化程度高

相比于砖混结构住宅，钢结构开间尺寸较大，墙体多为非承重墙，平面空间布置自由，用户可根据需求进行二次分割和布置而不影响结构的可靠性。此外，经合理设计后，可将室内水电管线、暖通设备以及吊顶融合于墙体和楼板中，实现住宅智能化的综合布线系统，保证室内空间完整。

2. 自重轻、承载力高、抗震性能优越

装配式钢结构的主要承重构件均采用薄壁钢管和轻型热轧型钢，截面受力更加合理，单位质量较轻。同时，墙体和楼面均采用轻质材料，在相同荷载作用下，可减轻建筑结构自重30%，质量是钢筋混凝土住宅的 1/2 左右。这使得装配式钢结构在地震中承受的地震作用较小，能充分发挥钢材强度高、延性好、塑性变形能力强的特点，提高了住宅的安全可靠性。

同时,较轻的质量可以降低基础造价以及运输、安装等费用。

3. 绿色、环保、节能与可持续发展

与传统混凝土结构不同,装配式钢结构在生产、建造过程中不会产生大量的废料污染环境,取而代之的是工厂加工,现场装配,在降低能耗的同时,减少了现场工作量与施工噪声。此外,装配式钢结构改建和拆迁容易,材料的回收和再生利用率高,可实现建筑异地再生,是真正意义上的绿色建筑。

4. 建造周期短、产品质量高

由于装配式钢结构具有工厂预制、现场安装的特点,前期设计和现场的生产手段结合紧密,便于各工种之间协调一致,提高整体效率。通过网络计算机和数控机床结合,保证了高效率和精确度。具有代表性的远大集团 30 层约 1.7 万平方米的装配式钢结构建筑,仅 15 天就安装完成。

5. 实现住宅建设的工业化和产业化

与混凝土结构建筑相比,钢结构建筑更容易实现设计的标准化与系列化、构件配件生产的工厂化、现场施工的装配化、完整建筑产品供应的社会化。所有部件均可采用工业化生产方式,实现技术集成化,提高住宅的科技含量和使用功能。

6. 综合经济效益高

钢结构承载力高,构件截面小,节省材料;结构自重小,降低了基础处理的难度和费用;装配式钢结构部件工厂流水线生产,减少了人工费用和模板费用等。

1.2 装配式钢结构国外发展现状及主要结构体系

1.2.1 日本装配式钢结构建筑

日本是世界上率先在工厂里生产住宅的国家,早在 20 世纪 50 年代,日本便开始发展工业化住宅体系。最初的日本工业化住宅分为木结构、钢筋混凝土结构和钢结构三种。但是经过多年的发展和实践,钢结构占据了绝对主导的地位。具有代表性且发展较为完善的日本装配式钢结构体系主要有以下几种。

1. 剪力墙板-架构组合结构体系

这种体系由集成式外墙板和架构(铰接框架)构成。集成式外墙板包括支撑剪力墙板和非剪力墙板。非剪力墙板是在 C 形钢墙框骨架上安装好外墙板、窗框、保温材料和内装底板。剪力墙板是在不设窗框的墙板内部加设扁钢支撑,其余构造同非剪力墙板,主要用于承受水平荷载,如图 1-2 所示。墙板与墙板之间通过凹形的开口截面柱连接构成一个整体。这种体系的外墙板完全是工厂加工成品,因此工厂生产效率很高。

2. 板框式结构体系

板框式结构体系直接将多个板框连接构成一个整体,根据需要设置柔性支撑,采用了分层装配式构法,墙板、窗框、保温材料等都在施工现场安装。虽然现场安装工作较多,但是提高了外墙板等材料的自由度,如图 1-3、图 1-4 所示。

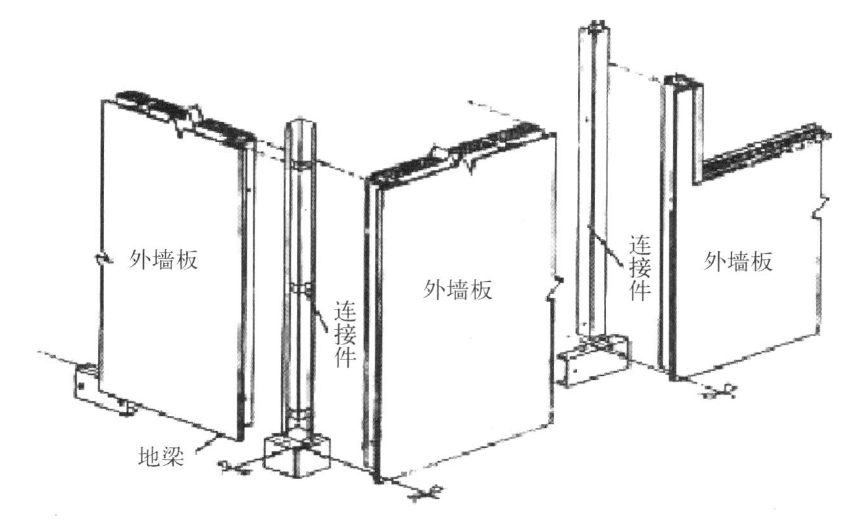

图 1－2　C 形结构构造

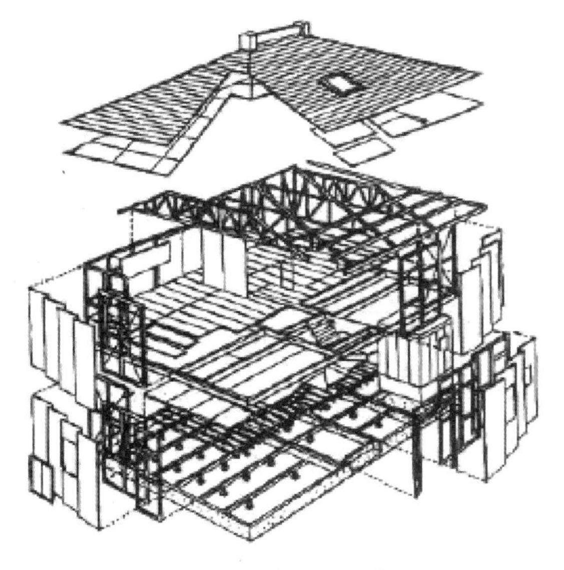

图 1－3　板框式结构体系

图 1－4　板框式结构节点

3. 架构－支撑结构体系

架构－支撑结构体系的外墙采用 ALC 板，在方形钢管柱和 H 型钢组成的架构（铰接框架）中加入支撑构件（非柔性支撑），如图 1－5 所示。

4. 单元装配式框架结构体系

由各个独立的盒式单元通过现场组装而成的框架结构体系。每个盒式单元的外墙板和内部装修均在工厂完成，是迄今为止工业化生产率最高的结构体系，如图 1－6、图 1－7 所示。但是由于日本的道路比较狭窄，无法做到像美国的移动房屋那样大的盒式单元，一定程度上限制了其市场推广。

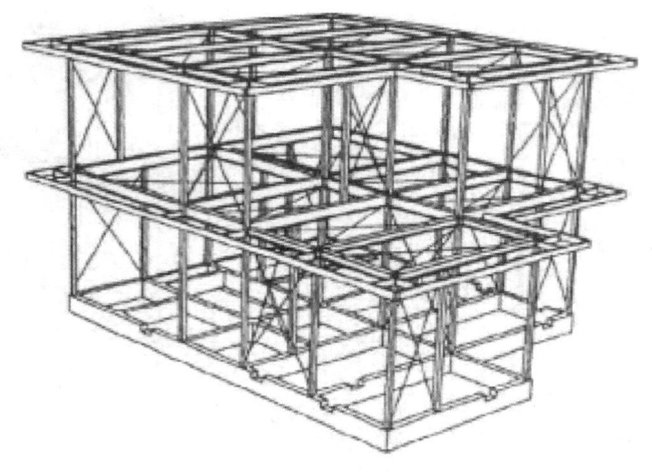

图 1-5　架构-支撑结构体系

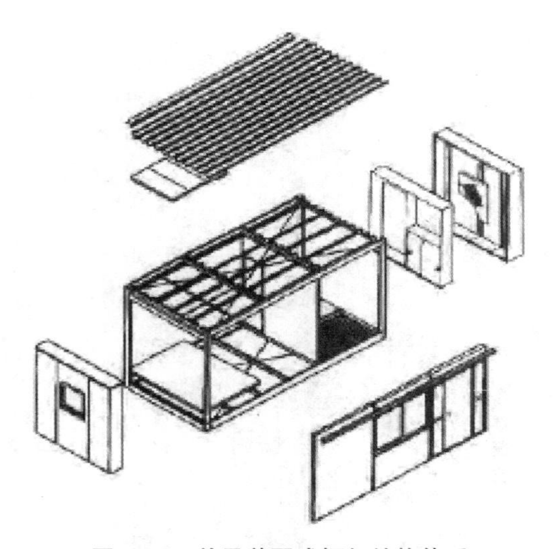

图 1-6　单元装配式框架结构体系

图 1-7　单元组合节点

1.2.2　欧美装配式钢结构建筑

欧洲钢结构企业大多比较小,多和建筑公司相融合,并成为建筑工程公司的下属子公司。欧洲国家如英、法、德等国钢结构产业化体系相对成熟,钢结构加工精度较高,标准化部品齐全,配套技术和产品较为成熟。欧洲钢结构主要应用领域包括工业单体建筑、商业办公楼、多层公寓、户外停车场等。

美国大多数钢结构企业已经转型为专业的建筑施工企业,且已经摆脱恶性竞争,走上精品发展路线。多数钢结构工厂规模不大,员工数仅相当于我国中等规模企业。美国钢结构产品质量好,技术含量高,种类齐全。高附加值产品在整个钢结构产量比重大,产业注重节能环保。

典型的欧美装配式钢结构采用的是轻钢龙骨体系，如图1－8所示。该体系的承重墙体、楼盖、屋盖及围护结构均由冷弯薄壁型钢及其组合件组成，通过螺栓及扣件进行连接，一般适用于3层以下的独立或联排住宅。作为“密肋型结构体系”之一，轻钢龙骨住宅主要具有以下优点：① 自重轻，基础费用和运输安装费用较少；② 各种配件均可工厂化生产，精度高、质量好；③ 房间空间大、布置灵活；④ 良好的抗风和抗震性能；⑤ 施工安装简单、施工速度快、建筑垃圾少、材料易于回收；⑥ 室内水电管线可暗藏于墙体和楼板结构中，可保证室内空间完整；⑦ 不需要二次装修。

图1－8　低层轻钢龙骨结构体系

由于地理位置、文化特征和技术特点的不同，欧美装配式钢结构与日本钢结构具有明显的差异，主要体现在以下方面：

（1）日式建筑的抗震要求较高，其倾向于采用强度较高的结构形式，以获得较好的整体稳定性，但用钢量较大。而欧美轻钢龙骨结构体系采用的轻钢结构构件断面小，质量轻，现场人力方便搬运，对施工机械的依赖较小。全轻钢龙骨的构件间距小，可省去围护骨架，总用钢量较少。但其传力路径不明确，断面小，对局部应力的承受力相对较弱，构件的表面积较大，防火防锈处理也比较烦琐。

（2）轻钢龙骨体系节点采用自攻螺栓或普通钢钉连接，施工工具简单，结构安装很方便。但由于构件较多，连接工作较烦琐。日本装配式钢结构体系则采用全螺栓连接。

（3）钢结构的墙体基本都是“三明治”式，即两面墙板夹上钢骨架和墙芯。日式钢结构的墙体钢骨架体系将外墙围护板和外墙装饰板合二为一，既有强度要求，又有美学要求。欧美钢结构的外墙体系相对简单，外墙板和外墙装饰板各自独立。

1.3 国内装配式钢结构发展现状及主要结构体系

1.3.1 国内装配式钢结构发展历程

1. 起步阶段

新中国成立后,在苏联经济和技术方面的支持下,我国探索建设了以工业厂房为主的多个钢结构项目。在民用建筑领域,1954 年建成的跨度 57 m 的北京体育馆、1959 年建成的跨度 60.9 m 的北京人民大会堂万人礼堂是这一时期的代表性结构建筑。

2. 短暂停滞

20 世纪 60 年代后期至 70 年代,各行业对钢材需求量快速增加,国家提出“建筑业节约钢材”政策要求,钢结构建筑发展进入短暂停滞期。

3. 转型阶段

20 世纪 80 年代初,国家经济发展进入快车道,钢结构建筑迎来兴旺发展时期。超高层建筑大量采用钢结构体系,也刺激了钢铁行业产能扩张。80 年代钢结构建筑最高为 208 m,90 年代钢结构建筑最高达到 460 m。1997 年建设部发布《中国建筑技术政策》(1996～2010 年)明确提出发展建筑钢材、钢结构建筑施工工艺的要求,政策趋向由“节约用钢”转型为“合理用钢”。深圳国贸大厦、上海森茂大厦、北京国贸大厦是这一时期的代表。钢结构建筑进入快速发展时期。

20 世纪 80 年代中后期我国开始从意大利、日本引入低层钢结构。1999 年国家经贸委明确将“轻型钢结构建筑通用体系的开发和应用”作为建筑业用钢的突破点。在国家、地方政府推动和政策扶持下,各地积极推进钢结构发展。武汉世纪家园、天津丽苑小区、上海北蔡工程、山东莱钢樱花园小区、北京郭庄子住宅小区、厦门帝景苑住宅群等是这一时期的代表。

4. 发展阶段

进入 21 世纪,我国先后承办了一系列国际性重大体育赛事和经贸交流活动,一批超高层、大跨度场馆相继建成,“轻快好省”的钢结构建筑得到政府和社会各界关注,带动钢结构建筑快速发展。北京奥运体育主场馆、上海世博会等文化、体育场馆,以及深圳平安大厦、上海环球金融中心等一批新的城市地标性钢结构建筑成为新一轮钢结构建筑的代表。这些工程实践,缩小了我国钢结构建造技术与国外先进水平之间的差距。随着我国成为世界第一产钢大国,钢结构也成为机场航站楼、高铁车站和跨海、跨江大桥首选的结构体系,如首都机场 3 号航站楼、北京、上海等地的高铁车站、杭州湾跨海大桥等。

2013 年,国务院《关于化解产能过剩矛盾的指导性意见》明确提出,在建筑领域应优先采用、优先推广钢结构建筑。2016 年,《中共中央、国务院关于进一步加强城市规划建设管理工作的若干意见》和《国务院关于钢铁行业化解过剩产能实现脱困发展的意见》也都明确提出发展钢结构建筑,我国钢结构建筑将迎来在充足材料供给和较好技术基础上的新发展。

1.3.2 国内装配式钢结构发展现状

从钢产量及增长率来看，1996年，我国钢产量突破1亿吨，到2014年我国钢产量已达8.23亿吨，钢铁产量连续19年保持世界第一。同时，钢产量的年增长率逐年下降，增速减缓，钢铁工业逐渐进入稳定发展阶段。

从钢结构材料用量方面看，《建筑钢结构行业发展"十二五"规划》中明确了建筑钢结构的应用比例，即"十二五"期间实现建筑钢结构用材占到全国钢材总产量的10%左右。如图1-9所示，2012～2014年国内钢产量分别为7.17亿吨、7.79亿吨和8.23亿吨，建筑用钢量分别为3.3亿吨、3.66亿吨和3.96亿吨。图1-10所示的建筑钢结构产量分别为3 500万吨、4 100万吨和4 600万吨，钢结构建筑产量占建筑总用钢量10%左右，钢结构建筑产量分别占到全国钢材总量5%左右，未能完全达到"十二五"预定目标。

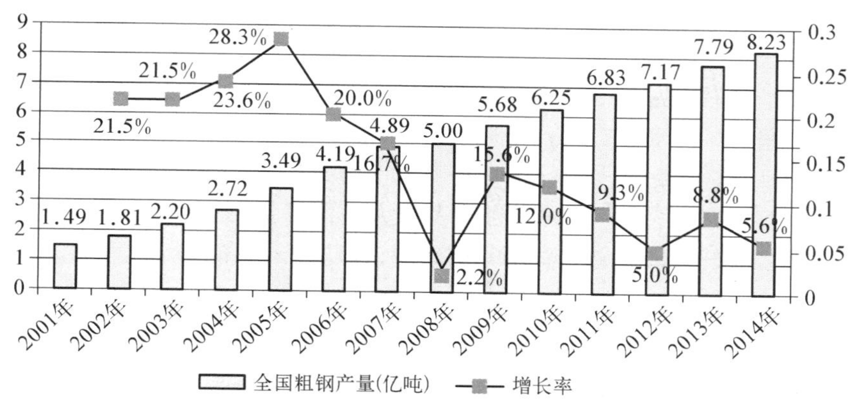

图1-9 2001～2014年国内钢产量及增长率

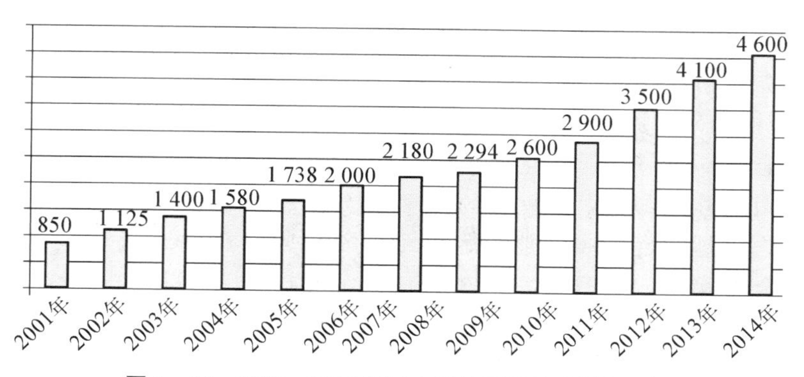

图1-10 2002～2014年国内建筑钢结构产量(万吨)

从钢结构建筑所占比例看，发达国家钢结构产量占粗钢总产量比例均超过10%，钢结构建筑占建筑总用钢量比例达到30%以上，其中，日本、美国的比例更高。比较而言，我国近三年的比例分别保持在5%、9%和10%。总体而言，虽然钢结构建筑有很多优点，国家和地方也采取了一些鼓励措施推进钢结构建筑发展，但与发达国家相比，我国钢结构建筑仍然处于起步阶段。

根据中国建筑金属结构协会建筑钢结构分会和行业专家提供数据,2014 年全国新开工住宅建筑面积约为 12.49 亿平方米,其中钢结构约为 400 万平方米,占比不足 1%。新建工业厂房约为 6 亿平方米,其中采用钢结构的比例超过 70%,即钢结构工业厂房约为 4.2 亿平方米。总体而言,我国民用建筑和市政基础设施应用钢结构还有较大的发展空间。

从应用领域看,钢结构建筑主要应用于工业建筑和民用建筑。工业建筑主要包括大跨度工业厂房、单层和多层厂房、仓储库房等。民用建筑包括两类,一类是学校、医院、体育、机场等公共建筑;另一类是居住类建筑,即轻钢集成住宅和高层钢结构。

从技术标准方面看,近年来,我国钢结构工程建设与应用技术迅猛发展,极大地促进了钢结构技术标准化工作的推进。据不完全统计,现有与钢结构设计、制造、施工相关的国家及行业标准、技术规范、规程近 140 余项,较 20 世纪 80 年代增加了约两倍以上。相关钢结构标准规范基本齐备,基本可以满足现有工程需求。但现有标准规范仍然需要结合技术进步和各地特点不断完善、补充和修编。结合国外的发展情况,钢结构产品标准化、通用化已成为主流,这也将成为我国钢结构行业技术和标准的发展趋势。

从企业发展情况看,截至 2013 年,全国钢结构企业有 4 000～5 000 家,其中拥有钢结构制造企业资质的单位共 375 家。年产 10 万吨以上的企业仅 50 多家,行业集中度不高。钢结构企业主要包括三大类:① 以中建钢构、宝冶钢构为代表的国有钢结构企业;② 以杭萧钢构、精工钢构、东南网架、沪宁钢机等为代表的大型民营钢结构企业;③ 以巴特勒、美联、中远川崎等为代表的外资或中外合资钢结构企业、福建的台资企业等。

1.3.3 国内装配式钢结构建筑的主要结构形式和特点

我国对装配式钢结构体系的研究起步较晚,直到 1994 年才正式提出住宅产业化的概念。经历近 20 年的快速发展,我国现阶段装配式钢结构体系的主要发展方向可分为低层轻钢装配式住宅和多、高层轻钢装配式住宅两类。

1. 低层轻钢结构

我国在 20 世纪 80 年代末 90 年代初开始引进欧美及日本的轻型装配式小住宅。

(1) 轻钢龙骨承重墙体系。此类住宅以镀锌轻钢龙骨作为承重体系,板材起维护结构体系和分隔空间作用。外墙板引进美国和日本的外墙材料或生产工艺,如在美国广泛采用的经过防火防腐处理的定向结构刨花板(OSB)、PVC 外墙挂板、北京新型建材厂引进日本技术生产线的金邦板等。内墙通常采用双面防火纸面石膏板,厚度 9～15 mm。厨房、卫生间等潮湿房间采用防水石膏板或埃特板等。总体来说,根据上述轻钢龙骨结构体系的受力特点,可以看出该体系较适用于 3 层的中低层装配式轻钢结构,不适用强震区的高层建筑。而且冷弯薄壁型钢 3 层住宅用钢量大约 30～40 kg/m^2,不含设备及内装修,每平方米造价约为 1 500～1 800 元,根据我国的居民住宅消费水平,该体系成本造价相对较高,更适合于消费水平比较高的轻钢结构别墅住宅群体。

(2) 轻钢框架结构体系。这种体系采用的是型钢梁柱框架结构,如图 1-11 所示。型钢一般为热轧或冷轧 H 型钢、方钢或圆钢管,如在国内建成的有天津太平洋村住宅产业化基地系列小住宅。该体系承重楼板采用大跨度预应力空心板，外维护结构为轻钢龙骨骨架，饰面及保温材料与轻钢龙骨承重墙体系中的外围护材料类似。这一类住宅的承重架平均用钢量为 50 kg/m²。工厂加工周期为 30 天左右，现场装配约 40 天。总体来说，根据其受力特点看出该体系一般适用于 6 层以下的多层建筑，不适于强震区的高层建筑，且用于高层建筑经济性相对较差。

图 1-11　轻钢框架体系

低层轻钢住宅作为主流住宅产品，在欧美等国经过几十年的发展与改进，已具备非常完善的技术生产体系和丰富的配套部品体系，此种体系的引进首先要和国内的行业技术规程相配套，同时应尽量将产品国产化，以进一步降低造价。

2. 多层及小高层轻钢结构体系

高层钢结构是国内近期实践较多的钢结构类型，从结构体系来分主要包括 6 大类。

(1) 钢框架体系。该体系有较大的变形能力，结构简单，抗震性能良好、房间布置灵活，一般用于多层住宅及低烈度区的小高层住宅。

(2) 钢框架-支撑体系。该体系属于钢框架和支撑双重抗侧力的体系，支撑可选用中心支撑、偏心支撑和内藏钢板支撑等，图 1-12 为远大节点斜撑加强型钢框架体系。该体系是高层钢结构中应用最广泛的结构体系，适用于高层及超高层住宅。该体系的代表项目主要有杭州钱江世纪城、包头万郡大都城、沈阳铁西区工人新村、北京建谊成寿寺示范工程等。

图 1-12　远大节点斜撑加强型钢框架体系

(3) 钢框架-核心筒体系。该体系由钢框架和钢筋混凝土核心筒组成双重抗侧力体系，在高层住宅中通常将楼电梯间等公共区域设置剪力墙形成核心筒，来承担地震作用等水平力，外围钢框架承担竖向力，如图 1-13 所示。这类结构体系是早期钢结构的常用体系。

图 1-13　钢框架-核心筒体系

图 1-14　钢框架模块-核心筒体系

图 1-15　钢管束剪力墙体系

(4) 钢框架模块-核心筒体系。该体系由爱尔兰引入,根据国内抗震要求和材料部品实际情况进行了改型研究和实验验证。其主体钢框架模块结构、室内精装修全部在工厂完成,现场只需完成模块吊装、连接及外墙装饰。核心筒是模块建筑体系的抗侧力核心,钢框架模块承担竖向荷载,如图 1-14 所示。

(5) 钢框架-混凝土剪力墙体系。该体系是由钢框架和钢筋混凝土剪力墙(或钢板剪力墙)组成的双重抗侧力体系。

(6) 钢管束剪力墙体系。如图 1-15 所示,钢管束剪力墙结构体系是由若干 U 型钢、矩形钢管、钢板拼装组成的具有多个竖向空腔的结构单元形成钢管束,并在其中浇筑混凝土形成剪力墙与钢梁组成的结构体系,是杭萧钢构研发的专利技术。

1.4　我国现有装配式钢结构建筑存在问题及发展对策

1996 年,我国钢产量突破 1 亿吨,到 2014 年我国钢产量已达 8.23 亿吨,钢铁产量连续 19 年保持世界第一。但钢结构建筑产量占建筑总用钢量 10%左右,钢结构建筑产量仅占到全国钢材总量 5%左右,发达国家钢结构建筑占建筑总用钢量的比例达到 30%以上,其中,日本、美国的比例更高。且我国钢结构建筑目前主要应用于工业建筑和民用建筑,2014 年全国新开工住宅建筑面积 12.49 亿平方米,其中钢结构约 400 万平方米,占比不足 1%。虽然国家和地方也采取了一些鼓励措施推进钢结构建筑发展,但与发达国家相比,我国钢结构建筑仍然处于起步阶段。

1.4.1　存在问题

1. 钢结构防火性能差

钢材是一种很好的热导材料。普通建筑用钢材(如Q235或Q345)，在全负荷状态下失去静态平衡稳定性的临界温度为500℃左右，一般在300～400℃时钢材强度就开始迅速下降。一般无任何保护及覆盖物的钢结构耐火极限只有15 min左右，远远低于建筑设计防火规范的要求柱3.0 h、梁2.5 h的防火要求。因此，钢结构防火问题已成为钢结构产业化发展的瓶颈问题。

2. 钢结构三板体系有待完善

三板体系包括楼面体系、屋面体系和墙体体系，后两者又属于围护体系。钢结构具有较大延性，对板材有特殊要求，尤其是墙体，除了美观、轻质、高强、高效、保温、隔热要求之外，最重要的是要与钢结构骨架协调变形。而目前常用的外围护结构，如条板、整间板、砌块等，由于细部节点处理不能很好适应结构变形，导致了板缝开裂、渗漏等问题，图1-16为某企业CCA墙板出现问题的实例。

图1-16　某企业CCA墙板出现问题实例

3. 钢结构标准规范体系亟待建立

目前针对不同钢结构体系的国家级、行业级技术标准相对缺失，而轻型钢结构规范主要偏重于工业厂房，低、多层轻型钢结构规范亟须从节能、水、电、气等方面进行系统性研究。钢结构从项目设计、部品部件生产、装配化施工、竣工验收、使用维护直至评价认定等环节的标准、规范和规程，有相当一部分尚处于企业和地方层级，相互关联性不高，亟待完善后逐步升级，并提升系统性。

4. 产业能力建设有待加强

目前，钢结构建筑市场规模偏小，尚难以吸引更多设计、施工企业聚拢形成产业链条上相互配合、竞争有序的格局。众多钢结构部品生产、施工企业对即将到来的钢结构建筑市场“蓝海”认识不足，开发商、设计单位、施工单位仍然习惯于传统的混凝土结构，主动采用钢结构的积极性不高，能力有待加强。

5. 激励政策有待加强

从激励政策而言，国内已有北京、上海等30多个省市陆续出台推进装配式建筑发展的政策文件，从土地、金融、财税等方面支持力度越来越大。但钢结构建筑作为装配式建筑的重要组成部分，在有些地方政策中未能明确，针对钢结构建筑特点的激励扶持政策相对不足。

1.4.2　发展对策

1. 出台指导意见，营造发展环境

研究出台推进钢结构建筑发展的指导意见，通过政策引导形成示范效应。可将推进钢结构建筑发展内容纳入“推进装配式建筑指导意见”中。在钢结构建筑指导意见或在推进装配式建筑指导意见中，要明确提出“十三五”时期的新建、竣工钢结构建筑面积比例、新建钢结构建筑通用部品使用比例、集成技术在钢结构建筑中的应用比例等发展目标和推进原则。研究制定符合钢结构建筑建设特点的经济政策和技术政策，在立项、规划、土地和建设等环节加大支撑力度，制定不同层级财政资金投入、税费减免、补助资金奖励、基础设施建设等扶持政策。针对关键性技术研发和应用提供必要的支持。

2. 建立标准体系，强化技术支撑

建立以目标为导向、解决系统性问题的标准体系。以钢结构建筑的系统配套和工业化集成为目标，健全基于钢结构建筑设计、部品生产、现场施工的系统化、多层次标准体系构架。标准应涵盖低层轻钢框架结构体系和多高层钢结构常用的纯框架体系、框架-核心筒体系、框架剪力墙体系等，并建立与钢结构建筑特点相匹配的防火消防验收规范。

遴选成熟、适宜不同地区的钢结构建筑技术体系。编制国家级钢结构体系及节点设计标准和施工图集，完善计算软件。针对西部抗风设计、北方高寒地区、南方多雨环境、沿海地区高腐蚀等特点以及地震设防烈度 8 度以上地区的不同需求，研究定型适宜的钢结构房屋体系和建造工艺、墙体板材应用体系等。研究解决主体施工精度、高效连接、内装及分隔系统等影响钢结构建筑推广应用的系统性技术问题。鼓励各地将技术成熟、经过试点示范、已经建成并安全运行超过两年的钢结构建筑技术体系，纳入区域性适宜推广建筑技术体系目录，在本区域内重点推广。

3. 扩大应用范围，拓展应用领域

民用建筑优先采用钢结构。在体育、文化、交通枢纽、商业、医疗等公共建筑中积极采用钢结构，积极发展钢结构；特别是，政府和国有投资的建筑工程要带头使用钢结构，要明确此类工程项目中的钢结构建筑所占比例，并将钢结构建筑列入城市重点工程计划。

在抗震地区优先选用钢结构建筑。地震烈度等级 7 度以上城市和乡镇的学校、医院等工程应优先选用钢结构建筑。逐步明确地震烈度等级 8 度及以上设防地区新建住宅中钢结构比例，全面提高建筑物的抗震水平。推进轻钢结构农房建设。

4. 培育基地企业，带动供给能力提升

向钢结构建筑基地企业进行政策倾斜，鼓励基地企业牵头，通过引进先进技术和设备，开展新产品、新材料的研发，改进钢结构建筑部品部件质量，完善施工工艺，提升钢结构建筑质量和性能。鼓励基地企业将现有钢结构建筑专利技术产业化，通过工程实践逐步纳入相关技术规程或建设标准，推进企业标准向行业标准和国家标准的提升。

积极引导以基地企业为龙头，借助“一带一路”契机主动“走出去”参与全球分工，在更大范围、更多领域、更高层次上参与国际竞争。要研究欧、美、日等发达国家和地区的钢结构建筑技术标准，打破技术壁垒。扩大轻钢房屋在非洲等发展中国家的出口。

第2章 装配式木结构建筑

装配式木结构集传统建筑材料和现代加工、建造技术于一体，采用标准化设计、构件工厂化生产和信息化管理、现场装配的方式建造，施工周期短，质量可控，符合建筑产业化的发展方向。在工厂制作加工装配式木构件、部品，包括内外墙板、梁、柱、楼板、楼梯等，然后运送到施工现场进行装配。

2.1 木结构概念及特点

2.1.1 现代木结构介绍

木结构住宅和建筑在中国古代有着极其辉煌和灿烂的历史，如建于辽代的山西应县木塔(1056年)，屹立近千年，历经几次地震却没有损坏。宋代李诫在喻皓编写的《木经》基础上编著的《营造法式》，清代的《工程做法则例》等专著均系统地介绍了中国古代木结构建筑的建造过程及施工规则，有力地推动了木结构建筑的发展，体现了我国古代劳动人民智慧的结晶，是我国非物质文明的一部分。

新中国成立时，木结构建筑在人们的生活中仍占有较大比重，但是随着国家经济的发展，木材消耗量的加大，到20世纪70年代末，已经出现了资源枯竭的局面，不仅木材在建筑的使用上难以为继，针对木结构的研究也处于停滞状态。

改革开放之后，随着国家经济的发展，人们生活水平的提高，20世纪末，国家出台了关于居民个人住房政策的改革，从而导致居民个人住房由福利分配住房转变为商品化住房，这极大地促进了中国房地产事业的蓬勃发展。随着居民住房条件的改善和经济的不断转好，人们对住宅已经出现明显的个性化需求，层次划分更加明显，有越来越多的人喜欢居住纯天然的建筑材料建造的住宅。随着绿色、环保、节能、减排的理念深入人心，国家也越来越重视节能环保的问题，尤其在建筑行业，要求采用新材料、新能源，逐渐摒弃以粘土砖为代表的建筑材料，以减轻对自然环境的破坏。

现代木结构建筑就是绿色建筑中最具代表性的一种建筑，所谓木结构是指以各种木质人造板材或经过处理的原木、锯木为建筑的结构材料，以木质或其他建材为填充材料，并以木构件或钢构件为连接材料建造的工程构造物。

AR 装配式

2.1.2 现代木结构特点

1. 节能

木结构建筑符合节能环保的要求,与钢材和混凝土相比,生产木材只需要少量能源,在三种主要建筑形态住宅的对比中,木材消耗能源少,释放 CO_2 量少。经研究发现,建造一栋面积 136 m^2 的住宅,按照其使用的建材来推算 CO_2 的排放量,其中钢筋混凝土为 78.5 t,钢骨构造为 53 t,木材仅为 18.5 t;各种建筑物所使用的建材可以贮藏的 CO_2 量分别是木材为 24.5 t,非木材为 4.9 t,因此木结构建筑是最符合“绿色建筑”要求的住宅形式。图 2-1 为木结构建筑的 AR 模型。

图 2-1 木结构建筑的 AR 模型

现代木结构住宅是以木材、木制工程产品作为主要的建筑材料。研究发现,木材的细胞组织内部可以容留空气,具有良好的保温隔热功能,与钢、铁、混凝土、塑料相比,不仅耗能最小,而且极具保温效果。同样的保温效果,木材需要的厚度是混凝土的 1/15,钢材的 1/400,使用同样保温材料的木结构比钢结构保温性能提高 15%~70%,可以有效减少对电、煤气等能源的消耗。

2. 环保

从建成之日起,建筑物自身就存在着使用寿命问题,对于即将被拆除的建筑和已被拆除的建筑物,建筑垃圾一直存在于城市生活之中。以木材为主的建筑材料,同钢材、水泥等建筑材料相比,不仅温室气体排放比较低,空气污染指数、固体废弃物、水污染指数也都较低。同时现代木结构住宅预制性强、工厂化高,现场作业大多采取干作业方式,湿作业量很少,所以现代木结构住宅不仅建筑垃圾最少,而且是施工时破坏周围环境最小的建筑类型,是符合国家要求的真正的环境友好型住宅。

3. 抗震性能好

现代木结构建筑对于地震瞬间的冲击力有很好的延展性,同时木结构以木材作为主体,本身质量较轻,受到地震压力较小。现代木结构还是一种高次超静定结构,在诸如地震、风暴和雪等极端荷载条件下经过验证能最大程度恢复原状。由于现代木结构住宅主要依靠密集的点连接(采用握钉连接方式),在面对地震时显示了极强的弹性、韧性和缓冲性,有着其他建筑无可比拟的抗震性。在日本和中国台湾的地震中,木结构住宅接受了考验,几乎没有发生倒塌,而倒塌的多为砖混结构建筑。在 2010 年新西兰 7.1 级地震中,木结构住宅没有造成一人死亡,这是由于当地采用的是与北美木结构住宅极为相似的木结构住宅类型。

4. 施工安全、周期短、可修复性强

现代木结构建筑与砖混结构建筑相比施工周期较短,一般只需几个星期,这得益于现代木结构住宅的高集成性。高集成性是现代木结构住宅的一个重要的特征和属性，是其他类型的住宅所不具备的独有的技术属性。这就要求现代木结构住宅在设计上向集成性强化的方向发展，在木构件上要求兼容性、互置性、规范性和易安装性。随着经济的快速发展，劳动力成本的不断提高，现代生活节奏的加快，与其他类型住宅相比，具有高集成性能的现代木结构住宅必将日益显示出其优势地位。

由于现代木结构住宅的产业化程度高，所以当住宅的某一部分因为种种原因需要更换、修复的时候就变得容易起来。一栋产业化程度很高的房子类似一部汽车，由各个部件构成，拆卸方便，更换灵活，修复起来也就变得容易、快速得多。木结构建筑一般在建筑过程中会预留修理检修口，维修时，只需打开检修口即可，而不需要像砖墙那样挖开墙面，破坏装修。

5. 使用寿命长

现代木结构在欧美、日本等国家已经过多年研究，体系较为健全，若使用得当，木结构住宅是一种非常稳定、寿命长、耐久性强的天然的绿色环保建筑。

6. 防潮、防虫、透气性好

现代木结构建筑是否防潮，关键在于木材的含水率，即一块木材中含有多少相对于木材本身重量的水分。经过干燥加工过的木材可以保证木结构建筑的木材含水率维持较低的水平，木结构建筑完成后，在建筑的外部加上各种防水措施，使得木结构外的水汽进不到屋内，而屋内的水汽仍然可以向室外排放，所以即使木房屋进了水，最终也能保持干燥，这就使木结构房屋成为既透气又能够有效防潮的绿色建筑。当木材的含水率达到符合设计标准时，才可以使用防腐材料来阻隔虫害，这样木结构建筑就得到了有效的保护。

7. 建筑成本低

现代木结构建筑可以采取工厂预制，然后经过运输到工地，在施工现场进行安装。只需几名工人花费几周的时间就可建成房屋，施工安装速度大大超过钢混结构和砖混结构，节省了人工成本，减小了施工难度，提高了施工质量；且木结构在使用中节能保温，可节省家庭开支。得房率(即使用面积)要高于砖混结构房屋(砖混结构房屋只有65%～70%)，而轻型木结构建筑通常能够达到90%。

8. 设计、装饰灵活

现代木结构住宅作为楼面与大梁混为一体的结构，本身的质量很轻，并且在设计时充分注意到重量的分散，所以现代木结构住宅结构部分基本上不会出现砖混结构中经常出现的大梁单独挑出的结构现象。这使得现代木结构住宅在平面设计时，能够充分根据住宅使用功能的基本要求在不用考虑受到结构梁柱的限制的情况下，进行随意的平面布置和空间划分。

因此，现代木结构住宅是可以灵活设计和布局的住宅体系。在室内设计和装饰上，室内隔板可采用推拉式、开放式、传统样式，门窗的选择和安装可以在自己喜欢或任何实用位置，各种隔热、保温、防水、隔声等材料固定在龙骨表面，或填充在缝隙间，各种管线在墙体间穿过，既节约了室内的空间又保持了良好的外观及物体特性。

从上述观点可知，装配式现代木结构建筑可提高建造效率，减少资源浪费，降低施工现场噪声和空气污染，提升建筑品质，是促进传统建筑产业升级换代的必由之路，是"创新、协调、绿色"发展理念的具体落实。从生产工艺看，装配式现代木结构建筑是"创新""协调"；从环境保护看，装配式现代木结构建筑是“绿色”是节约。现代木结构建筑在建筑工程建造、使用和拆除的全过程，即全寿命周期中遵循了可持续发展、资源节约、环境友好的要求，符合装配式建筑的设计标准化、生产工厂化、施工机械化、组织管理科学化的建造方式。

2.1.3 木结构体系

根据我国木结构规范体系 GB50005－2003《木结构设计规范》，按照结构不同进行分类，木结构建筑主要分为梁柱结构体系和轻型木结构体系。

按照木结构建筑所用木材的种类划分，主要划分为胶合木结构、轻型木结构、普通木结构三种。其中以层板胶合木为主要建筑材料的称为胶合木结构，以规格材为主要建筑材料的称为轻型木结构，以方木、原木为主要建筑材料的称为普通木结构。

按照建筑类型可以分为纯木结构建筑、混凝土与木结构混合结构、木结构与钢结构混合结构等几类。

1. 轻型木结构体系

轻型木结构是由规格材、木基结构板材或石膏板制作的木构架墙体、楼板和屋盖系统构成的单层或多层建筑结构。墙骨柱、楼盖格栅、轻型木桁架或椽条之间的间距一般为600 mm，当设计特别要求增加桁架间距时，最大间距不超过 1 200 mm。外墙的墙骨柱内侧为石膏板，外侧为定向刨花板(OSB 板)、胶合板、外挂板或其他饰面材料，墙骨柱之间填充不燃保温材料。构件之间可采用钉、螺栓、齿板连接及通用或专用金属连接，以钉连接为主。轻型木结构可建造居住、小型旅游和商业建筑等。根据构造特点的不同，轻型木框架结构分为连续式框架结构和平台式框架结构。

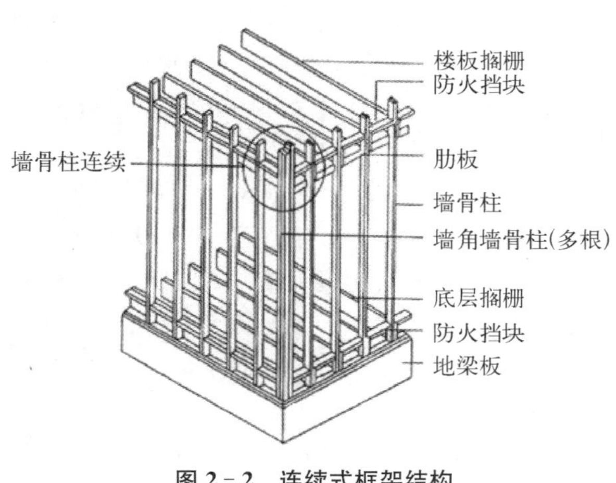

图 2－2　连续式框架结构

(1) 连续式框架结构。19 世纪 30 年代，北美地区出现了早期的轻型木构架房屋——芝加哥房屋。房屋以墙骨、地板梁、天花梁、屋顶椽子等部分组成，均采用厚度为 38 mm 的木材作为建筑材料，骨架间的连接采用长钉连接，如图 2－2 所示。由于这种房屋舒适耐用，结构安全，施工周期短，成为当时公寓、旅馆、饭店的主要建筑形式。芝加哥房屋的建造采用之前准备好相同规格的板材，在极短的时间内就可以把房屋搭建起来，在诞生之日起至 20 世纪 40 年代流行于北美地区，是当时建筑房屋首选的建筑形式。

(2) 平台式(非连续式)框架结构。平台框架从 20 世纪 40 年代后期开始占主导地位至今，现在美国和加拿大的建筑行业都采用这种做法。平台框架与轻质框架(连续式框架)的不同在于某些地方的墙骨(外墙和部分内墙)是不连续的，在同一层的墙板高度是一致的，当一层墙体都建立起来围合好以后，配置好楼板后，就能够在第一层楼板的基础上建立第二层结构，如图2-3所示。而在轻质框架（连续式框架）中，墙骨穿过楼板一直支撑到屋顶框架处的顶板，这个过程中墙骨是连续的不间断的，而恰恰由于它的连续性，不适应建筑本身和市场的发展需要，不能够提前预制，在施工过程中也不利于安装，因此轻质框架（连续式框架）建造方法已经被平台框架所渐渐取代。

图2-3　平台式（非连续式）框架结构

2. 胶合木结构体系

胶合木结构分为胶合板结构和层板胶合结构。胶合的原理是将含水率不高于18%、厚度为30～45 mm的木板刨光后，通过涂胶、层叠、加压等工序，将较小尺寸木材胶合成截面尺寸和各种形状的层板胶合木，胶合木结构包括使用层板胶合木材料的桁架、拱、框架及梁、柱等，属于重型木结构体系，集成材木结构也属于此类结构。

胶合木房屋的墙体可以采用轻型木结构、玻璃幕墙、砌体墙以及其他结构形式。构件之间主要通过螺栓、销钉、钉、剪板以及各种金属连接件连接。胶合木结构适用于单层工业建筑和多种使用功能的大中型公共建筑，如大空间、大跨度的体育场馆，如图2-4所示。

图2-4　胶合木结构体系

图2-5　原木结构体系

3. 原木结构体系

原木结构采用规格及形状统一的方木、圆形木或胶合木构件叠合制作，是集承重体系与围护结构于一体的木结构体系，如图2-5所示。其肩上的企口上下叠合，端部的槽口交叉嵌合形成内外围护墙体。木构件之间加设麻布毡垫及特制橡胶胶条，以加强外围护结构的防水、防风及保温隔热。原木建筑具有优良的气密、水密、保温、保湿、隔声、阻燃等各项绝缘性能，原木建筑自身具有可呼吸性，能调节室内湿度。原木结构适用于住宅、医院、疗养院、养老院、托儿所、幼儿园和体育建筑等。

4. 木结构组合体系

木结构组合建筑是指由木结构或其构件、部件和其他材料（如钢、钢筋混凝土或砌体等不燃结构）组成共同受力的结构体系。上部的木结构与下部的钢筋混凝土结构通过预埋在混凝土中的螺栓和抗拔连接件连接，实现木结构中的水平剪力和木结构剪力墙边界构件中拔力的传递。

木结构与钢结构相结合的混合建筑一般应用于大型公共建筑，如体育场馆。这种混合建筑在2010年温哥华冬季奥运会的体育馆得到体现，如图2-6所示。该体育场馆通过轻型木结构的使用，提高了整个场馆结构的抗震性能，通过对钢结构框架大跨度的使用，满足了体育比赛的需求，使这两种结构共同运用于一所建筑之中。在性能方面，木结构的隔音、保温、抗震等效果极好，钢结构在防火、强度等方面优点突出，通过木结构和钢结构两种结构相互结合的使用，可以最大限度地发挥两种结构的优势。

图2-6　加拿大温哥华木钢结构组合

木结构与混凝土相结合技术已经很成熟，如图2-7所示。在北美和欧洲，一般混合建筑的一层用作商业用途，上面是居民住宅楼。多层混合木结构作为一种很成熟的结构，针对购房者和社会来说，也是一种很实用的建筑技术，它能够达到建筑所要求的各项性能，如保暖、坚固、防火、防潮、隔音、节能、调节温度等，在应对地基的荷载时，比普通砖混或混凝土建筑对荷载要求要低很多，这是由于混合建筑的上层材料以木结构为主体，大大减轻了建筑本身的自重，同一条件下，混合建筑比砖混或混凝土建筑要坚固很多，这是因为对地基要求较低。

图2-7　木混结构组合

尽管木结构建筑的允许层数最高为3层，但作为木结构组合建筑则可建到7层，即上部木结构建筑仍为3层，下部钢筋混凝土或砌体等不燃结构为4层。这增加了木结构的应用范围，是一种可行的组合结构形式。

木结构建筑、木结构组合建筑的允许层数和建筑高度如表 2－1 所示。

表 2－1 木结构允许层数及高度

木结构建筑形式	轻型木结构	胶合木结构		原木结构	木结构组合
允许层数/层	3	1	3	2	7
允许建筑高度/m	10	不限	15	10	24

2.1.4 现代木结构材料

木结构的使用材料按加工方式一般分为三大类：原木、锯材、胶合材。原木是指树干经砍去枝、去除树皮的圆木，作为构件使用时要求很高，如要求直径变化小、外观好、缺陷少、整根木材长度大，这些要求造成建筑物最终造价很高。由于不能充分使用原材料，会造成材料的浪费。20 世纪，中国农村常以原木作梁，并以拥有梁直径的大小作为财富的象征。

锯材是指树干经过去皮处理后，割削成一定断面长度的材料。按截面尺度不同，可以分为板材、方材、规格材。随着科学技术的发展，通过电脑对锯材生产进行控制，可以最大限度地利用原材料，既能够提高生产效率，又可以根据需要生产出各种截面的锯材。

胶合材是以面积较小的木料通过特定工序胶合而成，形成各种板材和矩形切面。在加工过程中由于所用材料较小，能够容易去除木材的缺陷，形成的强度、可靠度、均匀度都较高，材料的利用率也很高。

除以上三种结构用材外，还有一些木材制作而成的工程木制品，如木工字梁、轻型木桁架等。

1. 规格材

规格材是轻型木结构建筑中主体结构的主要用材，如楼面格栅、轻型木屋架的桁架、墙骨柱、檩条等，如图 2－8 所示。规格材用“指接”的方式连接是针对长度较大的木构件。“指接”是指将两个规格材相接的端部用特定机器切成“齿形”，将特定的胶水均匀涂在“齿形”的断面上，然后将两个规格材对拼、加压连成一体。规格材具有笔直和规格稳定两大优势，这是因为产品由稳定的短木材连接，所以具备笔直性能。

图 2－8 规格材

2. 胶合材

通过特定工序以木材为原料胶压成的板材和矩形材统称为胶合材，主要分为以下三种：结构胶合材、胶合板、层板胶合木。

(1) 结构胶合材。结构胶合材按生产加工所切薄片规格的不同，可以分为旋切胶合材和平行木片胶合材。

旋切胶合材是单板和黏合剂的层状复合物,薄片规格成板状,如图 2-9 所示。由于纹理、裂纹、木节等天然缺陷被完全去除或分散到整块木材。因此,旋切胶合材可以被认为是一种规格统一、稳定性高、坚实的木材产品。

图 2-9 旋切胶合材

图 2-10 平行木片胶合材

平行木片胶合材是一种在压力下将几块木材黏合而成的高强度结构复合木产品,薄片规格成条状,如图 2-10 所示,该类产品承重力高、性能稳定。平行木片胶合材非常适合应用于轻型木结构建筑中的梁和横木,梁柱结构建筑中的梁和柱,以及商业建筑中的大、中型装配件。平行木片胶合材也比较适合用在对外观要求较高的建筑上,当然同样适用于外观要求不是很高或是隐蔽型结构的建筑。这种工程木制品不但纹理丰富,还可以进行防腐处理,处理过后的平行木片胶合木(PSL)可以直接应用于高湿度环境下裸露的组装件。

(2) 胶合板。轻型木结构中墙体、屋面的面板、楼面面板的应用材料是胶合板,也可以称为木基结构板材。按照制作方法不同,日常使用的胶合板分为两种,结构胶合板和定向木片板,定向木片板也叫定向刨花板(OSB)。这两种木基板材在轻型木结构建筑中起到主要承重构件的作用。

结构胶合板作为工程木制品,除了具有良好的抗震性、耐冲击性、耐气候性、耐老化性外,木结构所采用的结构胶合板是根据“结构胶合板每层单板的缺陷限值”,具体可见国家标准 GB50206-2012《木结构工程施工质量验收规范》,用耐水胶热压黏结的胶合板,专门用于承重结构。

图 2-11 定向刨花板

定向刨花板(OSB)对于原材料的要求不高,可以是扭曲或弯曲的树木,也可以是速生的小杆的树木或者是没有什么价值的树木,如图 2-11所示。因为在生产过程中把木材有瑕疵的地方有选择地去掉,所以定向刨花板质量比较稳定,又由于在加工过程中采用了专用设备和特殊的工艺,因此它具有抗弯强度高,握钉力强,易于进行表面装饰,尺寸稳定性好等特点。由于定向刨花板的生产过程能够充分合理利用林业资源,有利于降低生产成本,提高产品的经济性能，保护环境，因此其在建筑上的大量应用，取代结构胶合板已经成为趋势。

(3) 层板胶合木。又称胶合层积材，如今已经广泛应用于木结构建筑之中，尤其是大型公共建筑。作为一种工程木产品，层板胶合木是由规格材加工成一定的厚度，经过干燥、刨平等工序，加胶加压而成的较大断面的木材产品，如图 2 - 12 所示。在公共建筑中，经常见到跨度比较大并占据主要结构重要部位的木构件基本都是层板胶合木。

图 2 - 12　层板胶合木

图 2 - 13　木工字梁

3. 木工字梁

木工字梁，作为工程木的产品，是一种可以替代实木规格材搁栅的木构件，如图 2 - 13 所示。它是采用规格材(实木板材的一种)或单板层积材作翼缘与胶合板或定向刨花板作梁腹制成的，是结构人造板与结构复合材胶合而成性能稳定的工程木产品，具备硬度高、重量轻、强度好等卓越性能，适合大量应用于轻型木结构住宅及商业建筑中的托梁和椽等部分。

预制木工字梁具有以下优点：

(1) 由于在制作的过程中采用了高强度的工程木，所以比采用实木规格材为材料的木格栅跨度更大，一般可达到 18 m。

(2) 在重量上，木工字梁具有较高的强度重量比率，例如，根据翼缘的规格，240 mm 深、8 m 高的木工字梁重量仅为 23～32 kg。考虑到人工和成本优势，完全可以进行手工安装。

(3) 在规格稳定性方面，用于翼缘的单板层积材湿度接近 8%，用于木工字梁腹板的定向刨花板(OSB)或胶合板的湿度约为 5%。如果采用指接方式，则湿度通常低于 16%。由此可以看出，木工字梁因为湿度较低，不易收缩，因此楼板的稳固性会比较好。

(4) 在设施安装上，机械、电力、卫生等设施安装时，木工字梁为梁腹上的打孔大小和位置提供了很大的选择性和可操作性。

(5) 在性能上，木工字梁重量轻，规格稳定，能够承受长跨度，尺寸统一，并且没有外在木痕。

4. 轻型木桁架

轻型木桁架是由齿状的连接板压入提前切割并且装配好的组装件预制而成，如图2 - 14 所示。常用的做法是将优质木材与齿状连接板连接起来，根据房屋的坡度可制造出不同形状，如三角形、梯形、矩形等。该工程木制品可广泛运

图 2 - 14　轻型木桁架

用于单户、多户住宅、农业和商业等建筑。在美国,目前大约有75%的住宅采用轻型木桁架作为屋盖系统。木桁架充分依靠呈三角状的梁腹和桁架节点来承重,由于这种结构利用了断面较小的规格材来制作的,既提高了原材料的使用率,也提高了强度重量比率,使跨度的要求能够长于常规的框架;木桁架制作比较简单,造价较低,并能加快施工速度。

轻型木桁架有如下优点:

(1) 因为强度较高,轻型木桁架可应用于混合建筑,也可以在工业建筑中用来制作脚手架。

(2) 轻型木桁架为在屋顶等闲置空间建造或铺设管道、电力、卫生、机械等设备的安装提供了便利。

(3) 木桁架用途广泛,能够与其他结构产品结合使用,能够与其他桁架相连接或与平行木片胶合材和旋切胶合材、胶合木等木构件连接。

2.2 国外木结构发展现状

2.2.1 日本木结构发展现状

1. 发展概况

依照日本木材出口协会提供的资料,日本全部住宅约50%为木结构建筑,梁柱木结构建筑占全部住宅总量的37%。其中,独立住宅约85%为木结构建筑,梁柱木结构住宅占独立住宅总量的72%。

日本于2010年5月19日通过了关于促进公共建筑物中木材利用的法律,树立了“除用于灾害应急对策活动的设施等外,凡由国家出资建设的、依据法令制定的标准没有要求是耐火建筑物或主要构造部分为耐火构造的低层公共建筑物原则上全部应采用木结构”政策。与之配套的则是一系列措施:木材利用奖励积分制度、使用木质装修或木结构的新建公共建筑物的贴息贷款、木材利用普及政策、木材使用国民运动、木材利用教育等。

日本积极推进向中国、韩国等海外市场的木材、木结构构件、内外装修用制品、木结构建筑及其技术的出口。并且在中国、韩国参加木结构相关规范的修编、建设抗震性能好并经济适用的木结构样板房、举办木结构技术进修活动等。此外还构建了符合东亚市场需求的梁柱结构技术体系。

2. 工业化制法

在日本,木结构建筑主要有木造轴组工法、2×4工法、预制构造工法三种施工工法。

(1) 木造轴组工法。这是日本传统的办法,多被工务店类的中小型建设企业所采用,是历史最悠久、应用最广泛的住宅施工方式。一般情况下,工务店的木制住宅现场由工务店的负责人统一指挥。住宅的木制主体结构多由本工务店的技术工人承担施工,屋顶、装饰等工程则由外部的工人承担。

(2) 2×4工法。这种工法是日本传统工法和美国标准化工法的结合,以2×4的木材为骨材,结合墙面、地面、天井面等面形部件作为房屋的主体框架进行房屋建造。该工法较传统的轴线工法有更高的施工效率，且不需要技术较高的熟练工，适合中小企业进行房屋建造。

该工法不同于美国盛行的标准化、规格化工法，房屋构造形式多样，有较高的抗震与耐火性能，还有西洋式的外观设计。1988 年日本采用该工法的新建住宅为 4.2 万户，占全部新建住宅的 2.5%，此后持续增长，2003 年达到 8.3 万户，占全部住宅的 7.2%。

(3) 预制构造工法。预制构造工法是大型住宅建设企业的主要施工方法。该工法是将住宅的主要部位构件，如墙壁、柱、楼板、天井、楼梯等，在工厂成批生产，现场组装。从目前的日本住宅市场来看，预制住宅并没有真正发挥其标准化生产而降低造价的优势，其主要原因是大部分消费者仍倾向于日本传统的木质结构住宅。其次，标准部件以外的非标准设计、加工所需要的费用使该工法建造的住宅总体造价上升，价格优势无法发挥。2003 年使用该工法的新建住宅户数为 15.8 万户，占当时新建住宅的 13.5%。历史最高水平是 1992 年，采用该工法建造的住宅为 25.3 万户，占当时新建住宅的 17.8%。

2.2.2 芬兰木结构发展现状

在芬兰，森林资源十分丰富，覆盖率约 72%，森林的年生长量大约为 8 700 万立方米，年出口量约 800 万立方米，是世界上主要的木材出口国之一。因此，芬兰素有“绿色金库”之美誉。

芬兰木结构建筑历史悠久，无论是城市还是乡村，几乎全部的传统建筑都是采用木结构建造。即使是以混凝土结构、钢结构为主流的今天，木结构建筑形式仍然得到了充分的重视和普遍的推广。现在芬兰郊外 98%的房屋和 90%的单户住宅都是采用木结构。同时，芬兰木结构建筑也得到了很好的保护，几乎所有城市的基本面貌还都是一些低层的木质建筑，许多城市的中心地区有一些主要由木建筑构成的区域保存十分完好，如芬兰南部城市波洛伏和拉乌玛以及著名的夏季旅游城市塔米萨里和南塔里等。

芬兰木加工技术十分成熟和先进，木结构建造经验非常丰富，因此，木材的性能得到了充分的发挥，木结构建筑样式日益增多。木结构建筑工业化程度不断提高，很大程度上缩短了施工工期，降低了建造成本，增强了结构性能。现在，“现代化的木头城市”计划正在芬兰实施，已经在 30 个地区开展建造不同形式的木结构房屋，进一步推动了木结构建筑在芬兰的发展，同时也会促使木结构建筑在其他国家的复兴和发展。

2.2.3 北美木结构发展现状

在北美地区，轻型木结构广泛地应用在低层住宅建筑和公用建筑，并已被成功引入欧洲地区和日本。据统计，2006 年美国新建单体住宅 150 万套和低层联体住宅 35 万幢，这之中 90%为轻型木结构，可见木结构在美国普及之广。在加拿大，木材工业是国家支柱产业之一，其木结构住宅工业化程度极高，并有完整的森林培育体系。在加拿大，实行森林认证制度，使木材的砍伐速度低于种植速度，因此拥有丰富的、高品质的森林资源，保持着森林资源的再生，使森林得到可持续经营。美国关于木结构的技术资料如规范、手册等分门别类，非常详细,为工程师提供了极大的便利。

其中屋面屋架必须由专业的屋面屋架注册工程师设计,一般采用计算机辅助设计。利用设计软件可精确确定屋面桁架各杆件的尺寸、各节点齿板的大小、规格及受力状态,并完成三维视图及施工图。专业的制造商根据设计图纸加工,然后由专业的安装企业负责安装。

在北美轻型木框架结构是居住建筑常用的结构形式,同时也可用于商业及公用建筑等大型建筑。近几年来,国外很多企业在中国发达地区开发这种木建筑。重复使用小型构件和紧固件是轻型木结构的一个显著特点。正是通过这种重复,使轻型木结构比一般结构的超静定次数多得多,即形成了一种设计冗余,在主要荷载传递路径失效时尚有其他路径可供使用,不致使结构突然失效。

这种结构有很多优势:可标准化设计,模块化组建,施工简便,全部为干式作业,不需要挖地基且有极好的耐候性和抗风性,寿命在50年以上等。它能营造出室内好的氛围,保温、隔热、隔音、防渗透且造型优美,特别有利于创造出冬暖夏凉的室内小环境。其外形简洁,色调淡雅,充满现代化的气息。

2.3 国内木结构发展现状

2.3.1 发展历程

木结构是人类文明史上最早的建筑形式之一,这种结构形式以优良的性能和美学价值被广泛推广应用。我国木结构建筑的发展经历了以下几个阶段:

我国木结构历史可以追溯到3500年前,其产生、发展、变化贯穿整个古代建筑的发展过程,也是我国古代建筑成就的主要代表。最早的木框架结构体系采用卯榫连接梁柱的形式,到唐代逐渐成熟,并在明清时期进一步发展出统一标准,如《清工部工程做法则例》。始建于辽代的山西省应县木塔是中国现存最高最古老的一座木构塔式建筑,该塔距今近千年,历经多次地震而安然无恙;故宫的主殿太和殿是我国现存最大的木结构建筑之一,它造型庄重,体型宏伟,代表了我国木结构建筑的辉煌成就。

1949年新中国成立后,因木结构具有突出的就地取材、易于加工优势,当时的砖木结构占有相当大的比重。特别是"大跃进"时期,我国的砖木结构建筑占比达到46%。

20世纪五六十年代,我国实行计划经济,提出节约木材的方针政策,国外经济封锁又导致木材无法进口,这严重束缚了木结构建筑的发展。20世纪70年代,基于国内生产建设需要,国家提出"以钢代木""以塑代木"的方针,木结构房屋被排除在主流建筑之外。

从20世纪80年代起,为了发展经济,对森林大肆采伐,导致森林资源量急剧下降,到80年代末我国的结构用材采伐殆尽,当时国家也无足够的外汇储备从国际市场购进木材。党中央、国务院针对我国天然林资源长期过度消耗而引起生态恶化的状况,做出了实施天然林资源保护工程的重大决策,并相继出台了一系列木材节约代用鼓励性文件。此外,我国快速工业化带来的钢铁、水泥等产业的大发展,促进了钢混结构建筑的推广。这使得中国发展了几千年的传统木结构体系逐渐解体,新的砖砌体、砖混结构逐渐成为新建农村住宅的主要结构形式。

中国加入WTO后，与国外木结构建筑领域的技术交流和商贸活动迅速增加。1999年，我国成立木结构规范专家组，开始全面修订《木结构设计规范》。从2001年起，我国木材进口实行零关税政策，越来越多的国外企业开始进入中国市场，并将现代木结构建筑技术引入中国，木结构建筑进入新一轮发展阶段。

2.3.2 发展成就

近年来，我国现代木结构建筑市场发展呈上升态势，木结构建筑保有量约1 200万～1 500万平方米。截至2013年底，我国木材加工规模以上企业数量达1 416家。2014年全国木材产业总产值2.7万亿元，进出口总额1 380亿美元，就业人口1 000万人。我国现有的木结构建筑中，轻型木结构是主流，占比近70%，重型木结构占比约16%，其他形式木结构(包括重轻木混合、井干式木结构、木结构与其他建筑结构混合等)占比约17%。木结构别墅占已建木结构建筑的51%，仍是目前木结构建筑应用的主要市场。整体来看，我国木结构建筑发展状况如下所述。

1. 木结构建筑相关标准规范不断更新和完善

住房和城乡建设部先后制订修订了一系列与木结构建筑相关的标准规范，逐渐形成较完整的技术标准体系。具体包括：GB50005－2003《木结构设计规范》、GB50206－2012《木结构工程施工质量验收规范》、GB/T50329－2012《木结构试验方法标准》，还出版了《木结构设计手册》《木结构设计》和《木结构建筑图集》等，为发展木结构建筑打下了基础。

特别是国家标准GB50016－2014《建筑设计防火规范》也加入了木结构的相关内容，对国家建筑标准设计图集07SJ924《木结构住宅》进行了修编。2014年12月，经住房和城乡建设部审查批准，14J924《木结构建筑》自2015年1月1日起开始实施。新图集由《木结构住宅》更名为《木结构建筑》，扩大了木结构的适用范围，从独栋住宅和集合式住宅扩展到小型公共建筑，包括学校、商店、办公、旅馆、度假村、敬老院、社区服务中心以及景观建筑等。图集包括轻型木结构房屋体系、胶合木房屋体系和原木房屋体系三种现代木结构。

2015年11月，由木材节约发展中心、东北林业大学、中国木材保护工业协会申报的住建部产品标准《建筑木结构用阻燃涂料》正式列入住房城乡建设部2016年工程建设标准规范制订、修订计划。该项研究适用于各类木结构建筑用阻燃涂料的研发，有利于推动现代木结构建筑的进一步发展。此外，上海、河北、江苏等地也积极推进地方标准的研究和制定，如上海市出台了DG/TJ08－2059－2009《轻型木结构建筑技术规程》，对促进中国现代木结构建筑的发展发挥了重要的作用。

2. 科研院所与国际有关科研机构合作开展多项木结构研究项目

我国分别开展了木结构典型构件耐火极限验证试验研究、木结构房屋足尺模型模拟地震振动台试验研究、结构用木材目测分级研究、规格材强度测试研究、木结构建筑耐久性研究等，取得了较为丰富的成果，为在我国推广现代木结构建筑技术的应用提供了依据。

3. 建设了一批现代木结构建筑技术项目试点工程

多年来，各地建成了一批现代木结构示范项目。2005年加拿大木结构房屋中心——梦加园办公楼在上海浦东金桥开发区落成;2006 年 9 月上海徐汇区木结构平改坡示范工程竣工,随后相继完成了上海各区数十幢木结构旧房改造项目;青岛市 18 栋木结构旧房改造项目,南京、石家庄等地区数百栋木结构平改坡工程相继竣工;2008 年汶川地震后,加拿大政府为四川省援建一批木结构建筑,包括都江堰向峨小学、绵阳市特殊教育学校、北川县擂鼓镇中心敬老院、青川县农房项目等。

这些示范项目为探索和推广适合中国的现代木结构建筑技术,完善木结构相关技术规范,开展多层木结构住宅建筑技术应用研究做了有益的尝试,并且积累了宝贵的工程实践经验,为木结构建筑的大面积推广奠定了基础。

4. 初步建立了推广中国现代木结构建筑技术项目的政府间合作机制

2010 年 3 月 29 日,住房和城乡建设部与加拿大自然资源部及加拿大卑诗省林业厅签订了为期五年的合作谅解备忘录,双方同意将现代木结构建筑技术应用于中国建筑节能与减碳领域,并开展相关合作。同时,成立了中加双方联合工作小组,负责木结构合作项目重大事项决策,审议项目实施计划和年度工作计划,讨论决定项目实施过程中的重大事项,协调项目执行过程中需要协调的有关事宜,指导项目实施。

2.3.3 发展问题

1. 传统观念的转变

由于受传统农村木屋印象的影响,人们总认为木结构房屋是四面透风、既不坚固、又非常简陋的木房子,其实这是一种误解。现在所指的木结构房屋是将生态、环保、个性化、美学及现代技术与传统方法结合,具有现代气息的多功能木结构建筑。另外,因森林资源匮乏而限制使用木材只能作为一定时期缓解供需矛盾的权宜之计,不能根本解决木材紧缺问题。从现实情况看,木结构建筑在我国的接受程度还很低,木结构产品真正进入市场并受消费者欢迎尚需时日。人们从追求高客积率的居所转变到健康环保的住宅需要一个过程,首批开发的木结构房屋的成功与否非常重要,可直接影响到人们观念转变的快慢。

2. 成本及土地的有效利用

我国目前木结构房屋的成本是以国外经销商提供的数据做参考,不同地区、不同质量的房屋造价也有所不同。有资料介绍,便宜的一幢四室两厅约 200 m^2 的木结构房屋本身造价仅为 30 多万元人民币;另据报道,在加拿大,3～4 个工人十多天就能建好一幢有三个卧室、带地下室的两层木结构小楼,其售价 100 多万元人民币(约为 20 万加元)。然而据专家估算,我国若用进口材料建造木结构房屋,其成本约 4 000～4 500 元/m(不包括土地价格)。考虑到我国人多地少,尤其在大城市,对建造成本影响很大。而木结构房屋市场开发的重点就是这些大城市,因此,开发的策略应是将木结构房屋建在大城市的周边地区,销售对象首先面向中高收入阶层,然后逐渐推广。也可在发达的海滨旅游城市和风景区建设 2～3 层的木结构别墅,发挥其与自然和谐的优势。

3. 木结构建筑设计及其材料的国产化

由于长期以来,木结构房屋的发展受到一定的限制,直到改革开放后,才开始对木结构房屋及其材料进行研究,并取得了一些成果。但总体而言,这方面的基础研究工作还很薄弱，我国在木质材料应用于住宅建筑方面的研究与国外差距较大，科研院所及大学也缺乏相应的课程及人才培养内容，还不能满足未来市场的需要。引进国外的木结构建筑技术和经验对发展我国的木结构房屋市场有很大促进作用，但我们也应重视发展具有中国特色的木结构建造技术和材料，形成自己的知识产权。应注重开发人工林木材、竹材等用于建筑行业，尽可能降低建造的成本，这样有利于木结构住宅的推广。根据我国国情，在南方地区可以考虑研究发展底层为混凝土结构，上层为木结构的混合结构形式。目前还迫切需要开展对木结构设计、连接形式和连接件，及木材的防蚁、防腐、防火、耐久性及胶粘剂的研究，同时加快制定木结构设计、木材强度应力分级等检验评定方法和规范，建立木结构建筑及材料管理的标准化体系。

4. 木结构材料走高技术、深加工之路

在加强管理和走木结构材料国产化的同时，在国内要积极推进高新技术的应用，大力发展木质复合结构材料。如日本，近10年主要是通过应用高新技术，充分利用加工剩余物和部分进口材生产木质复合结构材，以满足市场需要。我国完全可以参考日本的做法，在对木结构复合材料的市场预测前提下，重新认识到研究开发木结构复合材料的必要性和紧迫性，提高我国木结构复合材料的生产技术和利用水平。

综上所述，木结构房屋的建设在我国刚刚起步，由于它具有许多优良特性，越来越受到人们的关注和青睐，在未来的建筑市场中将具有很强的竞争力。但同时我们也要对其进行客观地分析，解决好目前存在的问题，以利于木结构房屋的顺利发展。

第3章 装配式混凝土建筑概述

装配式混凝土建筑是指以工厂化生产的混凝土预制构件为主，通过现场装配的方式建造的混凝土结构类房屋建筑，此类建筑具有提高质量、缩短工期、节约能源、减少消耗、清洁生产等优点，是日本、欧洲等发达国家建筑工业化最重要的方式。目前，随着我国经济快速发展，建筑业和其他行业一样都在进行工业化技术改造，预制装配式混凝土建筑开始焕发出新的生机。

3.1 装配式混凝土建筑简介

3.1.1 装配式混凝土建筑的分类

装配式混凝土建筑按照装配化程度的高低可分为全装配和部分装配两大类。全装配建筑一般限制为低层或抗震设防要求较低的多层建筑；部分装配混凝土建筑主要构件一般采用预制构件，在现场通过现浇混凝土连接，形成装配式结构的建筑。

在预制装配式建筑中，预制率和装配率是两个不同的概念。预制率是装配式混凝土建筑室外地坪以上主体结构和围护结构中预制构件部分的材料用量占对应构件材料总用量的体积比；装配率是装配式建筑中预制构件、建筑部品的数量（或面积）占同类构件或部品总数量（或面积）的比率。

装配式混凝土建筑按结构体系可分为两大类，即专用结构体系与通用结构体系，通用结构体系与现浇结构类似，又可分为三类，第一类是装配式混凝土框架结构体系，第二类是装配式混凝土剪力墙结构体系，第三类是预制外挂墙板体系。结合具体建筑功能、性能要求等，通用结构体系可以发展为专用结构体系。接下来详细阐述我国比较典型的几种特殊混凝土工业化建筑结构体系。

1. 大板结构体系

20世纪70年代，中国主要是采用装配式大板住宅体系的预制装配式混凝土结构，预制构件主要包括大型屋面板、预制圆孔板、楼梯、槽形板等。大板结构体系多用于低层、多层建筑。大板结构体系存在着很多不足：如构件的生产、安装施工与结构的受力模型、构件的连接方式等方面存在难以克服的缺陷；再如建筑抗震性能、物理性能、建筑功能等方面也存在一定的隐患；还有隔音性能差、裂缝、渗漏、外观单一、不方便二次装修等。同时由于交通运输方式、经营成本和工厂用地的不同，都会对大板结构体系造成影响。因此该结构体系在上世纪末已经逐步淘汰。

2. 装配式混凝土框架结构体系

装配式混凝土框架结构是指全部或者部分的框架梁、柱采用预制构件构建成的装配式混凝土结构，如图3-1所示。框架结构中部分或全部梁、柱在预制构件厂制作好后，运输至现场进行安装，再进行节点区及其他结构部位后浇混凝土的浇筑形成装配式混凝土框架结构。装配式混凝土框架-现浇剪力墙结构与装配式混凝土框架中预制构件的种类相似，其中框架梁、柱采用预制，剪力墙采用现浇的形式。

图3-1　装配式混凝土框架结构

装配式混凝土框架结构的预制构件类型可分为以下几种：预制梁、预制柱、预制楼梯、预制楼板、预制外挂墙板等。装配式混凝土框架结构具有清晰的结构传力路径，高效的装配效率，而且现场湿作业比较少，完全符合预制装配化的结构要求，也是最合适的结构形式之一。这种结构形式有一些适用范围，在需要开敞大空间的建筑中比较常见，比如仓库、厂房、停车场、商场、教学楼、办公楼、商务楼、医务楼等，最近几年也开始在民用建筑中使用，如居民住宅等。

装配式混凝土框架结构的节点连接类型可分为干式连接和湿式连接。根据节点连接方式的不同，结构按照等同现浇和不等同现浇进行设计。等同现浇结构时节点通常采用湿式连接，节点区采用后浇混凝土进行整体浇筑，结构的整体性好，具有和现浇结构相同的结构性能，结构设计时可采用与现浇混凝土相同的方法进行结构分析。不等同现浇连接通常采用螺栓等干式连接方式，此种连接方式国外的应用和研究较多，在国内由于研究得不够充分，受力体系和计算方法尚不明确，目前使用较少。不等同现浇结构的耗能机制、整体性能和设计方法具有不确定性，需要适当考虑节点的性能。

图 3-2 装配整体式剪力墙结构

3. 装配式混凝土剪力墙结构体系

在中国,装配式建筑的主要结构形式是预制装配式剪力墙结构体系,它可以分为四种:装配整体式剪力墙结构,多层装配式剪力墙结构,双面叠合剪力墙结构和单面叠合剪力墙结构。

(1) 装配整体式剪力墙结构。装配整体式剪力墙结构主要指内墙采用现浇、外墙采用预制的形式,如图 3-2 所示。预制构建之前的接连方式采用现场现浇的方式。在北京万科的工程中采用了这种结构,并且已经成为试点工程。由于内墙现浇致使结构性能与现浇结构差异不大,因此适用范围较广,适用高度也较大。部分或全预制剪力墙结构是目前采用较多的一种结构体系。全预制剪力墙结构的剪力墙全由预制构件拼装而成,预制墙体之间的连接方式采取湿式连接。其结构性能小于或等于现浇结构。该结构体系具有较高的预制化率,但同时也存在某些缺点,如具有较大的施工难度、具有较复杂的拼缝连接构造。到目前为止,全预制剪力墙结构不论是研究方面还是工程实践方面都有所欠缺,还有待学者的进一步深入研究。

(2) 多层装配式剪力墙结构。借鉴日本与我国 20 世纪的实践,同时考虑到我国城镇化与新农村建设的发展,顺应各方需求可以适当地降低房屋的结构性能,开发一种新型多层预制装配剪力墙结构体系。这种结构对于预制墙体之间的连接也可以适当降低标准,只进行部分钢筋的连接,具有速度快、施工简单的优点,可以在各地区大量的不超过 6 层的房屋中适用。但同时,作为一种新型的结构形式还需要进一步的深入研究与更多的建造实践。

(3) 双面叠合混凝土剪力墙结构。如图 3-3 所示,双面叠合混凝土剪力墙结构是由叠合墙板和叠合楼板(现浇楼板),辅以必要的现浇混凝土剪力墙、边缘构件、梁共同形成的剪力墙结构。在工厂生产叠合墙板和叠合楼板时,在叠合墙板和叠合楼板内设置钢筋桁架,钢筋桁架既可作为吊点,又能增加构件平面外刚度,还能防止起吊时构件的开裂。同时钢筋桁架作为连接双面叠合墙板的内外叶预制板与二次浇注夹心混凝土之间的拉接筋,作为叠合楼板的抗剪钢筋,保证预制构件在施工阶段的安全性能,提高结构整体性能和抗剪性能。在进行双面叠合剪力墙结构分析时,采用现浇剪力墙的结构计算方法进行设计。双面叠合剪力墙结构的建筑高度通常在 80 m 以下,当超过 80 m 时,需进行专项评审。双面叠合混凝土结构中的预制构件采用全自动机械化生产,构件摊销成本

图 3-3 双面叠合混凝土剪力墙结构

明显降低；现场装配率、数字信息化控制精度高；整体性能与结构性能好，防水性能与安全性能得到有效保证。

（4）单面叠合混凝土剪力墙结构。单面叠合混凝土剪力墙结构是指建筑物外围剪力墙采用钢筋混凝土单面预制叠合剪力墙，其他部位剪力墙采用一般钢筋混凝土剪力墙的一种剪力墙结构形式。单面叠合剪力墙是实现剪力墙结构住宅产业化、工厂化生产的一种方式。和预制混凝土构件相同，预制叠合剪力墙的预制部分即预制剪力墙板在工厂加工制作、养护，达到设计强度后运抵施工现场，安装就位后和现浇部分整浇形成预制叠合剪力墙。带建筑饰面的预制剪力墙板不仅可作为预制叠合剪力墙的一部分参与结构受力，浇筑混凝土时还可兼作外墙模板，外墙立面也不需要二次装修，可完全省去施工外脚手架。这种PCF工法节省成本，提高效率，保证质量，可明显提高剪力墙结构住宅建设的工业化水平。单面叠合剪力墙的受力变形过程、破坏模式和普通剪力墙相同，故剪力墙结构外墙采用单面叠合剪力墙不改变房屋主体的结构形式，在进行单面叠合剪力墙结构分析时，依然采用现浇剪力墙的结构计算方法进行设计。

4. 预制外挂墙板体系

安装在主体结构上，起围护、装饰作用的非承重预制混凝土外墙板成为预制外挂墙板，简称外挂墙板，如图3-4所示。预制外挂混凝土墙板被广泛应用于混凝土或钢结构的框架结构中。一般情况下预制外挂墙板作为非结构承重构件，可起围护、装饰、外保温的作用。建筑外挂墙板饰面种类可分为面砖饰面外挂板、石材饰面外挂板、清水混凝土饰面外挂板、彩色混凝土饰面外挂板等。

图3-4 预制外挂墙板

由于预制外挂墙板有设计美观、施工环保、造型变化灵活等优点，已经在欧美国家得到了很好的应用，并且非常有发展前景。近年来，随着我国装配式建筑快速发展，预制外挂墙板的应用也愈加广泛。预制外挂墙板可以达到高质量的建筑外观效果，如石灰岩或花岗岩，砖砌体的复杂纹理和外轮廓以及仿石材等，而这些效果如果在现场采用传统的方法贴敷是非常昂贵的。预制外挂墙板被用在各种建筑物的外墙，如公寓、办公室、商业建筑、教育和文化设施等。

5. 盒子结构体系

盒子结构是工业化程度较高的一种装配式建筑形式，是整体装配式建筑结构体系的一种，预制程度能够达到90%。这种体系是在工厂中将房间的墙体和楼板连接起来，预制成箱型整体，甚至其内部的部分或者全部设备的装修工作，门窗、卫浴、厨房、电器、暖通、家具等都已经在箱体内完成，运至现场后直接组装成整体。

盒子结构体系能够把现场工作量控制在最低限度，单位面积混凝土的消耗量很少，只有0.3 m^3，与传统建筑相对比，可以明显节省20%的钢材与20%的水泥，而且其自重也会减轻大半。值得一提的是，对盒子构件预制工厂进行投资花费高昂，要控制成本在一定额度内，可以通过扩大预制工厂的规模来实现。

3.1.2 装配式混凝土建筑特点

1. 优点

(1) 施工周期会缩短。装配式安装施工时间比较短,大量建造步骤可以在厂房里进行,不受天气影响,现场安装施工周期大幅缩短,非常适用于每年可以进行室外施工时间较短的严寒地区。大约一层需要一天,其实际需要的工期大约是一层三到四天。在施工过程中运用装配式工法,不仅可以极大地提高施工机械化的程度,而且可以降低在劳动力方面的资金投入,同时降低劳动强度。据统计高层可以缩短1/3左右的工期,多层和低层可以缩短50%以上的工期。

(2) 降低环境负荷。因为在工厂内就完成大部分预制构件的生产,降低了现场作业量,使得生产过程中的建筑垃圾大量减少,与此同时,由于湿作业产生的诸如废水污水、建筑噪音、粉尘污染等也会随之大幅度地降低。在建筑材料的运输、装卸以及堆放等过程中,选用装配式建筑的房屋,可以大量地减少扬尘污染。在现场预制构件不仅可以省去泵送混凝土的环节,有效减少固定泵产生的噪声污染,而且装配式施工高效的施工速度、夜间施工的时间的缩短可以有效减少光污染。

(3) 减少资源浪费。建造装配式住宅需要预制构件,这些预制构件都是在工厂内流水线生产的,流水线生产有很多优点,其一就是可以循环利用生产机器和模具,这就使得资源消耗极大地减少。与装配式建造方式相比,传统的建造方式不仅要在外墙搭接脚手架,而且需要临时支撑,这会造成很多的钢材和木材的耗费,大量消耗了自然资源。但是装配式住宅不同,它在施工现场只有拼装与吊装这两个环节,这就使得模板和支撑的使用量极大地降低。不容忽视的一点的是,在装配式建筑的运营阶段,其在建造阶段所投入的节能、节水、节材效益便会表现出来,相比传统现浇建筑明显减少了很大一部分资源的消耗。

(4) 结构质量有保证。采用机械自动化、信息化管理的流水线生产,避免了施工现场很多人为因素的破坏及施工上的转包行为,质量得到控制。解决了传统建造模式中普遍存在的漏水、隔音及隔热效果差等质量通病。

2. 缺点

(1) 成本相对较高。在预制建筑出现的初期,工业化建筑产品成本低于传统古典建筑。现在用预制混凝土大板形式建造的住宅和办公大楼的成本通常高于常规建造技术建造的建筑物,主要原因有以下几点:① 现有单位体积预制构件采购价格高于现场现浇施工作业时的构件造价;② 预制构件节点连接处钢筋的搭接导致结构总用钢量有所提升;③ 预制构件中所采用的某些连接件,目前市场价格较高;④ 如果使用了保温夹芯板构造,节点复杂,大板缝隙的密封处理也会导致额外的费用;⑤ 大体量的预制构件运输增加运输成本;⑥ 预制构件重量较传统吊装能力要求提高,增加了现场吊装环节塔吊等机械措施的费用。

(2) 整体性较差。预制混凝土结构由于其本身的构件拼装特点,决定了其连接节点设计和施工质量非常重要,它们在结构的整体性能和抗震性能上起到了决定性作用。我国属于地震多发区,对建筑结构的抗震性能要求高,如果要运用预制混凝土结构,则必须加强节点连接和保证施工质量。

(3) 缺少个性化。工业化预制建造技术的缺点是任何一个建设项目,包括建筑设备、管道、电气安装、预埋件都必须事先设计完成，并在工厂里安装在混凝土大板里，只适合大量重复建造的标准单元。而标准化的组件会导致个性化设计降低。

3.1.3 装配式混凝土建筑综合效益分析

1. 建造阶段资源能源消耗对比分析

通过对典型案例进行数据调研，并按照钢材、混凝土、木材、保温材料、水泥砂浆、水资源、能源、建筑垃圾等方面分项统计分析如下。

(1) 钢材消耗。由于建筑高度和设计方案不同，导致钢筋消耗量有差异，这会对两种建造方式的钢材消耗量对比产生较大干扰，因此，本部分仅选取相同建筑高度和设计方案的某项目进行对比，如表3-1所示。

表3-1 两种建造方式的每平方米钢筋消耗量对比

每平方米钢筋消耗量(kg/m²)

传统现浇式	预制装配式	节省量	节省率
55.9	58.3	−2.4	−4.29%

由表3-1可以看出，装配式建造方式相比传统现浇方式，每平方米钢筋用量增加了4.29%。增加的部分包括四方面：一是由于使用叠合楼板，较现浇楼板增加了桁架钢筋；二是由于采用三明治外墙板，比传统住宅外墙增加了50 mm的混凝土保护层，进而增加了这部分的钢筋用量；三是预制构件在制作和安装过程中需要大量的钢制预埋件，增加了部分钢材用量；四是由于目前预制装配式建筑在我国仍处于前期探索阶段，部分项目考虑到建筑的安全与可靠，在一些节点的设计上偏于保守，导致配筋增加。减少的部分包括两方面：一是预制构件的工厂化生产大大降低了钢材损耗率，提高了钢材的利用率，以某项目为例，钢材损耗率降低了48.8%；二是预制构件的工厂化生产减少了现场施工的马凳筋等措施钢筋。

(2) 混凝土消耗。由于建筑高度和设计方案不同，导致混凝土消耗量有差异，这会对两种建造方式的混凝土消耗量对比产生较大干扰，因此，本部分仅选取相同建筑高度和设计方案的某项目进行对比，如表3-2所示。

表3-2 两种建造方式的每平方米混凝土消耗量对比

每平方米混凝土消耗量(m³/m²)

传统现浇式	预制装配式	节省量	节省率
0.466 7	0.477 5	−0.010 8	−2.31%

由表3-2可以看出，装配式建造方式相比传统现浇方式，每平方米混凝土消耗量增加了1.31%。增加的部分包括两方面，一是由于使用叠合楼板，增加了楼板厚度，导致混凝土消耗量增加，现浇楼板厚度一般为100～120 mm，而叠合楼板一般为130～140 mm(预制部分一般为60 mm，现浇部分一般为70 mm以上)；二是部分项目的预制外墙采用夹芯保温，根据结构设计要求，比传统住宅外墙增加了50 mm的混凝土保护层，而在传统住宅中，外墙外保温一般采用10 mm砂浆保护层。减少的部分在于预制构件厂对混凝土的高效利用，避

免了传统现场施工受施工条件等原因造成的浪费,提高了材料的使用效率。

(3) 木材消耗。装配式建造方式相比传统现浇方式,每平方米木材节约55.4%,优势明显,如表3-3所示。主要是因为其预制构件在生产过程中采用周转次数高的钢模板替代木模板,同时叠合板等预制构件在现场施工过程中也可以起到模板的作用,减少了施工中木模板的需求。

表3-3 两种建造方式的每平方米木材消耗量对比

每平方米木材消耗量(m^3/m^2)

项目序号	传统现浇式	预制装配式	节省量	节省率
1	0.138	0.067	0.071	51.45%
2	2.585	1.209	1.376	38.38%
3	3.7	1.08	1.62	70.81%
4	2.79	1.08	1.71	61.29%
5	0.335	0.26	0.075	21.39%
6	0.91	0.43	0.48	52.75%
7	2.88	1.28	1.6	55.56%
8	0.44	0.19	0.25	56.82%
平均	1.85	0.83	1.02	55.40%

(4) 保温材料消耗。由于研究样本中很多对比项目的保温材料的选取不同,如部分传统现浇项目采用保温砂浆,无法直接与装配式建造方式采用的保温板消耗量对比,因此,本部分选取两组保温材料均为保温板的项目进行对比,如表3-4所示。

表3-4 两种建造方式的每平方米保温材料消耗量对比

每平方米保温材料消耗量(m^3/m^2)

项目序号	传统现浇式(EPS保温板)	预制装配式(XPS保温板)	节省量	节省率
1	1.16(0.58×2)	0.56	0.6	51.72%
2	1.38(0.69×2)	0.663	0.72	51.96%
平均	1.27	0.611 5	0.658 5	51.85%

由表3-4可以看出,装配式建造方式相比传统现浇方式,每平方米保温材料消耗量节约51.85%。一方面由于材料保护不到位,竖向施工操作面复杂,以及工人的操作水平和环保意识较低,导致现浇住宅在现场施工过程中保温板的废弃量较大。另一方面,本专题计算过程中取现浇住宅保温材料用量的两倍与装配式住宅保温工程量进行对比,原因包括:一是目前装配式混凝土建筑采用的外墙夹心保温寿命可实现与结构设计50年使用寿命相同,而现浇住宅外墙外保温的设计使用年限只有25年;二是预制三明治外墙板常用挤塑聚苯板(XPS),传统现浇建造方式常用膨胀聚苯板(EPS),而XPS的导热系数小于EPS。以北京

为例，从节能计算上推算，满足同样的节能设计要求XPS的用量要少于EPS的用量，但因XPS有最小构造要求，导致两者的实际用量差异不大，而预制三明治外墙板的保温效果较普通外保温墙板有所提高。

(5) 水泥砂浆消耗。装配式建造方式相比传统现浇方式，每平方米水泥砂浆消耗量减少55.03%，如表3-5所示。原因包括，一是外墙粘贴保温板的方式不同，装配式建造方式的预制墙体采用夹心保温，保温板在预制构件厂内同结构浇筑在一起，不需要使用砂浆及粘结类材料；二是预制构件无须抹灰，减少了大量传统现绕方式的墙体抹灰量。

表3-5 两种建造方式的每平方米水泥砂浆消耗量对比

每平方米水泥砂浆消耗量(m^3/m^2)

项目序号	传统现浇式	预制装配式	节省量	节省率
1	0.069 2	0.029	0.04	57.80%
2	0.107	0.056	0.050 6	47.29%
3	0.05	0.019	0.030 8	61.60%
4	0.029 6	0.009	0.020 5	69.26%
5	0.091	0.056	0.035 5	39.01%
6	0.063	0.04	0.023 2	36.83%
7	0.036 8	0.003	0.033 8	91.85%
8	0.086	0.027	0.058 7	68.26%
平　均	0.066 58	0.03	0.036 6	55.03%

(6) 水资源消耗。由表3-6可以看出，建筑施工的大多数工序都离不开水，以沈阳市为例，建筑工程的建造和使用过程用水占城市用水的47%。目前施工环节的用水量大、水利用效率较低。

表3-6 两种建造方式的每平方米水资源消耗量对比

每平方米水资源消耗量(m^3/m^2)

项目序号	传统现浇式	预制装配式	节省量	节省率
1	0.070	0.060	0.010	13.29%
2	0.103	0.089	0.014	12.59%
3	0.096	0.083	0.013	12.54%
4	0.078	0.058	0.020	26.15%
5	0.081	0.072	0.009	11.11%
6	0.093	0.078	0.015	16.13%
7	0.076	0.052	0.024	31.58%
8	0.080	0.050	0.030	37.50%

(续表)

项目序号	传统现浇式	预制装配式	节 省 量	节 省 率
9	0.090	0.070	0.020	21.22%
10	0.110	0.065	0.045	40.91%
11	0.070	0.040	0.030	42.86%
平 均	0.086	0.065	0.021	23.33%

装配式建造方式相比传统现浇方式,每平方米水资源消耗量减少23.33%。原因主要是三方面,一是由于构件厂在生产预制构件时采用蒸汽养护,养护用水可循环使用,并且养护时间和输气量可以根据构件的强度变化进行科学计算和严格控制,大大减少了构件养护用水;二是由于现场混凝土工程大大减少,进而减少了施工现场冲洗固定泵和搅拌车的用水量;三是现场工地施工人员的减少导致施工生活用水减少。

(7) 能源消耗。由表3-7可以看出,装配式建造方式相比传统现浇方式,每平方米电力消耗量减少18.22%。原因主要包括四方面,一是现场施工作业减少,混凝土浇捣的振动棒、焊接所需电焊机及塔吊使用频率减少,以塔吊为例,装配式建造方式施工多是大型构件的吊装,而在传统现浇施工过程中往往是将钢筋、混凝土等各类材料分多次吊装;二是预制外墙若采用夹芯保温,保温板在预制场内同结构浇注为一体,减少了现场保温施工中的电动吊篮的耗电量;三是由于两种方式相比,传统现浇方式的木模板使用量较大,加工耗电量增加;四是由于预制构件的工厂化,减少或避免夜间施工,工地照明电耗减少。

表3-7 两种建造方式的每平方米电力消耗量对比

每平方米电力消耗量(kWh/m²)

项目序号	传统现浇式	预制装配式	节 省 量	节 省 率
1	6.75	3.2	1.55	37.78%
2	7.28	2.32	3.96	53.40%
3	10.02	8.25	1.77	17.66%
4	17.1	16.01	1.09	6.81%
5	4.86	2.26	1.6	32.92%
6	6.98	5.88	1.1	15.76%
7	3.12	1.6	1.52	48.72%
8	3.4	3.6	0.8	18.18%
9	17.1	15.5	1.6	9.36%
10	5	4	1	20.00%
11	16.4	15.35	1.05	6.40%
平 均	9.000 9	7.360 909	1.64	18.22%

(8) 建筑垃圾排放。表3-8显示，装配式建造方式相比传统现浇方式，每平方米固体废弃物的排放量降低69.09%，减排优势非常明显。减少的固体废弃物主要包括废砌块、废模板、废弃混凝土、废弃砂浆等。装配式建筑施工现场干净整洁，各项措施完善，管理严格，极大地减少了废弃物的产生量，同时预制构件厂在构件生产过程中控制严谨、管理规范，使混凝土的损耗量也很小。

表3-8　两种建造方式的每平方米建筑垃圾排放量对比

每平方米垃圾排放量(kg/m²)

项目序号	传统现浇式	预制装配式	减 排 量	减 排 率
1	38.9	13.9	25	63.27%
2	10	4.9	5.1	51.00%
3	23	14	9	39.13%
4	30	5	25	82.33%
5	11	6	5	45.45%
6	8.5	2	6.5	76.47%
7	20	3	17	85.00%
8	41	13	28	68.29%
9	26	5	21	80.77%
10	31	5	26	83.87%
11	22	9	13	59.09%
平　均	23.764	7.345	16.42	69.09%

2. 建造阶段粉尘和噪声排放对比分析

为测定装配式建筑施工阶段的空气质量和噪声排放，在同一时间对同一项目内的两栋不同建造方式的建筑进行了数据实测。

(1) 施工现场粉尘浓度监测数据统计。施工现场粉尘浓度的监测形式为现场取样和实验室分析，主要检测的空气成分为PM10、PM2.5等。

监测结果(见表3-9)表明，装配式施工现场的PM2.5和PM10的排放较少。主要原因包括四方面：一是由于采用预制混凝土构件，减少了建筑材料运输、装卸、堆放、挖料过程中各种车辆行驶产生的扬尘；二是外墙面砖采用工业化直接浇捣于混凝土中，预制内外墙无须抹灰，大大减少了土建粉刷等易起灰尘的现场作业；三是基本不采用脚手架，减少落地灰的产生；四是减少了模板和砌块等的切割工作，减少了相关空气污染物的产生。

表3-9　PM2.5和PM10浓度实测

	传统现浇方式	装配式方式
PM10($\mu g/m^3$)	89	69
PM2.5($\mu g/m^3$)	70	57

(2) 施工现场噪声排放测算。依据GB12523－2011《建筑施工场界环境噪声排放标准》和GB3096－2008《声环境质量标准》等标准，选择若干装配式混凝土和现浇项目施工现场的测点对噪声进行了检测，经背景噪声修正后的测量结果，对如表3－10所示。

表3－10 施工现场噪声监测结果

序号	12月8日(吊装)		12月11日(综合)		12月13日(浇筑)	
	上午	下午	上午	下午	上午	下午
1	62.4	64.3	65.8	69.6	67.3	64.4
2	57.3	61.1	63.7	60.1	57.0	60.9
3	63.1	66.5	69.7	69.1	68.7	68.9
4	60.3	63.0	61.8	61.7	63.6	61.4
5	65.4	72.9	66.2	65.2	61.3	65.1
6	68.1	72.1	70.4	81.4	71.1	62.7
7	81.3	82.9	67.4	68.5	63.4	62.4
标准限制	70					

根据监测结果可以看出，装配式施工的测点均满足国家标准噪声排放要求，现浇混凝土施工区域测点中超标的数据较多。在传统施工过程中，采用的大型机械设备较多，产生了大量施工噪声，如挖土机、重型卡车的马达声、自卸汽车倾卸块材的碰撞声等，其混合噪声甚至能达到100 dB以上。主体工程施工阶段，噪声主要来自切割钢筋时砂轮与钢筋间发出的高频摩擦声，支模、拆模时的撞击声，振捣混凝土时振捣器发出的高频蜂鸣声等。这些噪声的强度为80～90 dB。

相对而言，装配式施工过程缩短了最高分贝噪声的持续时长。由于采用的是工业化方式，构件和部分部品在工厂中预制生产，减少了现场支拆模的大量噪声。同时，预制构件的安装方式减少了钢筋切割的现场工序，避免高频摩擦声的产生。

3. 建造阶段碳排放对比分析

如表3－11所示，对于混凝土建筑，装配式建造方式相比传统现浇方式，在建造阶段每平方米可减少碳排放27.26 kg。根据《中共中央国务院关于进一步加强城市规划建设管理工作的若干意见》中提出的“力争用10年左右时间，使装配式建筑占新建建筑的比例达到30%”这一发展目标，如按装配式混凝土建筑占新建建筑的比例达到20%计算，到2025年，装配式混凝土建筑在建造阶段可实现碳减排1 000万吨，即353万吨标准煤，约占“十二五”期末实现建筑节能1.16亿吨标准煤任务的3.04%，约占“十二五”期末实现新建建筑节能4 500万吨标准煤任务的7.84%。

4. 经济效益和社会效益对比分析

1) 经济效益

(1) 集群发展拉动地方经济。装配式建筑有利于形成产业链、培育新的产业集群，可以直接诱发建筑业、建材业、制造业、运输业以及其他服务行业的发展，有利于消解钢铁、水泥、

表3-11　两种建造方式的碳排放量对比

类　型	节约量	碳排放因子	节碳量($kgCO_2eq$)
钢　材	-2.4 kg	1.3 kg CO_2eq/kg	-5.29
混凝土	-0.010 8 m^3	251 kg CO_2 eq/m^3	-2.71
挤塑聚苯板(XPS)	-0.611 5 m^3	43.75 kg/m^3	-26.75
膨胀聚苯板(EPS)	1.27 m^3	27.5 kg/m^3	34.93
砂　浆	0.036 6 m^3	469.41 kg CO_2 eq/m^3	17.18
木　材	0.056 m^3	146.3 kg CO_2 eq/m^3	8.19
自来水	0.021 m^3	0.259 2 kg CO_2 eq/m^3	0.005 4
电　力	1.64 kW·h	1.04 kg CO_2 eq/kW·h	1.70
合　计			27.26

机械设备以及建材部品等过剩产能，是建设行业落实“稳增长、调结构”政策的有效途径。以沈阳市为例，2012年沈阳市现代建筑产业集群已经突破1 000亿元，2014年将近达到2 000亿元，有力地推动了当地经济发展。

(2) 节约资金时间成本。装配式建筑由于大量采用预制构件，主要工作在工厂里进行，如能实现大规模穿插施工，则现场施工工期可大幅度缩短，形成了“空间换时间”方式，可以大大缩短开发周期，节省开发建设管理费用，从而在总体上降低开发成本，特别是在旧城改造和安置房建设中，优势更加明显。

(3) 降低综合造价。装配式建筑发展初期，装配式建筑工程造价比传统方式高200～500元，其主要原因在于，标准化部品应用量不足导致无法充分发挥工业化批量生产的价格优势。但如果能够在标准化、模数化的基础上，提高通用产品应用比例，形成规模化生产，装配式建筑工程造价可与传统现浇方式基本持平。

2) 社会效益

(1) 促进农民工向产业工人转变，实现“人的城镇化”。80后农民工已开始成为我国建筑业劳动力市场的主力，他们大都不愿意从事脏而笨重的体力劳动，劳动力市场结构性短缺已开始显现。装配式建筑的工厂化建造模式，大大改善了劳动条件，提高了劳动技术含量，有助于引导农民工转型为产业工人，促进其稳定就业，并在城镇定居，实现农业转移人口市民化。

(2) 提高劳动效率，节约人力成本。我国人均竣工住宅面积仅30多平方米，是美国的1/4、日本的1/5；建筑业人均增加值仅为美国的1/20、日本的1/42。日本通过持续地推动住宅产业化，现场用工量从每平方米20～30人·小时下降到了每平方米5～8人·小时，大大提高了施工效率。

(3) 提升质量和性能，提高居住舒适度。采用装配式建造方式可以确保诸多建筑工程质量的关键环节得到控制，提高工程质量的均好性，减少系统性质量安全风险，有效解决质量通病问题，如通过采用外墙保温结构整体预制体系、预制楼梯、外墙外窗一次成型、外立面装饰面反打工艺等,解决外墙渗漏、保温开裂等问题,并提升了住宅质量和品质。

(4) 提升行业竞争力,培育产业内生动力。装配式建筑以现代的住宅制造取代了传统的住宅建造,实现了工业化与信息化的深度融合,不仅使相关企业通过转型升级提高了自身竞争力,而且提高了建设行业的工业化水平,推动了相关领域装备制造业的发展,有利于形成国际竞争力、实现制造强国的战略目标。

(5) 有利于安全生产,推动产业技术进步。采用装配式建筑方式,大幅减少了工程施工阶段对施工人员的需求,仅需要几十个甚至更少的起重人员、组装人员和管理人员进行现场的吊装、拼装工作。同时,装配式建筑需要专门从事建筑工业化生产的工人,这些产业工人技术水平相对较高,专业知识较多,安全意识较强,综合素质较好,从而减少了施工生产过程中人为的不安全因素的影响。

在提高产业工人综合素质的同时,装配式建造方式有利于提高建筑业的科技水平,推动技术进步,提升生产效率,促进生产方式转型升级。

3.2 国外装配式混凝土建筑发展历程及现状

3.2.1 欧洲装配式混凝土建筑的发展历程及现状

20 世纪 50 年代,“二战”使欧洲遭受到严重的创伤,很多建筑尤其是住宅急需大量重建。为了解决住房问题,欧洲采取工业化的建造方式建造了大批的房屋,并因此建成了标准的、完整的住宅体系,并延续至今。

法国在 1891 年就开始尝试进行装配式混凝土结构的建设,其装配式的建筑主要以钢筋混凝土结构体系为主,大多采用框架结构或者板柱结构体系,并逐渐向大跨度的结构发展。法国的工业化装配式建筑主要采用预应力混凝土框架结构体系,工业化程度达到了 80%,构件的连接多为焊接等干式连接。

从 20 世纪 50 年代开始,丹麦及瑞典的大量企业就研究开发出了用于混凝土结构装配的构件。目前,在新建的建筑中通用构件的使用率占到了 80%,在满足多样性需求的同时又达到 50%以上的节能效率。

3.2.2 德国装配式混凝土建筑的发展历程及现状

德国主要是采用钢筋混凝土框架剪力墙结构形式,剪力墙、梁柱、楼板、外挂墙板及内隔墙板等构件均可采用工厂化预制。德国是全球建筑能耗降低幅度发展最快的国家,提出了零能耗的被动式建筑体系的概念。从以前的大幅度节能到现在的被动式建筑,德国都采用预制装配式的建筑来实现。

1. 装配式建筑的起源

德国以及其他欧洲发达国家建筑工业化起源于 20 世纪 20 年代,推动因素主要有两方面:社会经济因素——城市化发展需要以较低的造价迅速建设大量住宅、办公和厂房等建筑;建筑审美因素——建筑及设计界摒弃古典建筑形式及其复杂的装饰,崇尚极简的新型建筑美学,尝试新建筑材料(混凝土、钢材、玻璃)的表现力。在雅典宪章所推崇的城市功能分区思想指导下,建设大规模居住区,促进了建筑工业化的应用。

20 世纪 20 年代以前,欧洲建筑通常呈现为传统建筑形式,套用不同历史时期形成的建筑样式,此类建筑的特点是大量应用装饰构件,需要大量人工劳动和手工艺匠人的高水平技术。随着欧洲国家迈入工业化和城市化进程,农村人口大量流向城市,需要在较短时间内建造大量住宅、办公和厂房等建筑。标准化、预制混凝土大板建造技术能够缩短建造时间、降低造价,因而首先应运而生。

德国最早的预制混凝土板式建筑是 1926—1930 年间在柏林利希藤伯格-弗里德希菲尔德(Berlin-Lichtenberg, Friedrichsfelde)建造的战争伤残军人住宅区,如今该项目的名称是施普朗曼(Splanemann)居住区,如图 3-5 所示。该项目共有 138 套住宅,为两到三层楼建筑,采用现场预制混凝土多层复合板材构件,构件最大重量达到 7 吨。

图 3-5　德国施普朗曼居住区

2. “二战”后德国大规模装配式住宅建设

“二战”结束以后,由于战争破坏和大量战争难民回归本土,德国住宅严重紧缺。德国用预制混凝土大板技术建造了大量住宅建筑。这些大板建筑为解决当年住宅紧缺问题做出了贡献,但今天这些大板建筑并不受欢迎,不少缺少维护更新的大板居住区已成为社会底层人群聚集地,导致犯罪率高等社会问题,深受人们的诟病,成为城市更新首先要改造的对象,有些地区已经开始大面积拆除这些大板建筑。

3. 德国目前装配式建筑发展概况

预制混凝土大板技术相比常规现浇加砌体建造方式,造价高,建筑缺少个性,难以满足当今社会的审美要求,1990 年以后基本不再使用。混凝土叠合墙板技术发展较快,应用较多。

德国今天的公共建筑、商业建筑、集合住宅项目大都因地制宜,根据项目特点,选择现浇与预制构件混合建造体系或钢混结构体系建设实施,并不追求高比例装配率,而是通过策划、设计、施工各个环节的精细化优化过程,寻求项目的个性化、经济性、功能性和生态环保性的综合平衡。随着工业化进程的不断发展,BIM 技术的应用,建筑业工业化水平不断提升,建筑上采用工厂预制、现场安装的建筑部品越来越多,占比越来越大。

小住宅建设方面装配式建筑占比最高,2015 年达到 16%。2015 年 1 月至 7 月德国共有 59 752 套独栋或双拼式住宅通过审批开工建设,其中预制装配式建筑为 8 934 套。这一期间独栋或双拼式住宅新开工建设总量较去年同期增长 1.8%;而其中预制装配式住宅同比增长 7.5%,显示出装配式建筑在这一领域逐渐受到市场的认可和欢迎。

单层工业厂房采用预制钢结构或预制混凝土结构,在造价和缩短施工周期方面有明显优势,因而一直得到较多应用。

3.2.3 英国装配式混凝土建筑的发展历程及现状

英国非现场建造建筑的历史可以追溯到20世纪初，规模化、工厂化生产建筑的原动力是两次世界大战带来的巨大的住宅需求，以及随之而来的建筑工人的欠缺。具体发展历程如下所述。

1. 起步发展期(1914—1939)

一战结束后，英国建筑行业极度缺乏技术工人和建筑材料，造成住宅的严重短缺，急迫需要新的建造方式来缓解这些问题。1918—1939年，英国共建造了450万套房屋，期间开发了20多种钢结构房屋系统，但由于人工和材料逐渐充足，绝大多数房屋仍然采用传统方式进行建造，仅有5%左右的房屋，采用现场搭建和预制混凝土构件、木构件以及铸铁构件相结合的方式完成建造。当时英国非现场建造的建筑规模小，程度低。另外，由于石材的建造成本上升以及合格砖石工人的短缺，使得非现场建造方式在苏格兰地区的应用相对英国其他地区更为广泛。

2. “二战”后快速发展期

“二战”结束后，英国住宅再次陷入短缺，新建住宅问题和已有贫民窟问题的解决共同成为政府的主要工作重点。英国政府于1945年发布白皮书，重点发展工业化制造能力，以弥补传统建造方式的不足，以推进20世纪30年代开始的清除贫民窟计划。

此外，战争结束后，钢铁和铝的生产过剩，其制造能力需要寻求多样化的发展空间。多方因素共同促进了英国建筑预制化的发展，建造了大量装配式混凝土、木结构、钢结构和混合结构建筑。

3. 稳定发展期(20世纪50—80年代)

本时期主要分为两个交叉阶段：20世纪50—70年代和20世纪60—80年代。

20世纪50—70年代，英国建筑行业朝着装配式建筑方向蓬勃发展。这其中，既有预制混凝土大板方式，也有通常采用轻钢结构或木结构的盒子模块结构，甚至产生了铝结构框架。

20世纪60—80年代，建筑设计流程的简化和效率的提高，使钢结构、木结构以及混凝土结构体系等得到进一步发展。其中，以预制装配式木结构为主，采用木结构墙体和楼板作为承重体系，内部围护采用木板，外侧围护采用砖或石头的建造方式得到广泛应用。木结构住宅在新建建筑市场中的占比一度达到30%。后期因某一质疑木结构建筑水密性能电视节目的广泛传播，使国内木结构住宅占比急剧下滑。庆幸的是，由于苏格兰地区的传统建筑方式崇尚使用石头或木头，预制装配式木结构体系的应用受影响较小。

4. 品质追求期(20世纪90年代)

20世纪90年代，英国住宅的数量问题已基本解决，建筑行业发展陷入困境，住宅建造迈入提高品质阶段。这一阶段非现场建造建筑的发展主要受制于市场需求和政治导向。

政治导向方面，主要有倡议“建筑反思”的发表，以及随后的创新运动和住宅论坛，引起了社会对于住宅领域的广泛思考，尤其是保障性住房领域。公有开发公司极力支持以上倡议所指导的方向和行动，着手发展装配式建筑。与此同时，传统建造方式现场脏乱差及工作环境艰苦的影响，导致施工行业年轻从业人员锐减，现场施工人员短缺，人工成本上升，私人住宅建筑商亦寻求发展装配式建筑。

5. 非现场建造方式逐步成为行业主流建造方式(21 世纪后期至今)

21 世纪初期，英国非现场建造方式的建筑、部件和结构每年的产值为 20～30 亿英镑(2009 年)，约占整个建筑行业市场份额的 2%，占新建建筑市场的 3.6%，并以每年 25%的比例持续增长，预制建筑行业发展前景良好。

3.2.4　美国装配式混凝土建筑的发展历程及现状

美国的住宅建设是以极其发达的工业化水平为背景的，美国制造业长期位居世界第一，具有各产业协调发展、劳动生产率高、产业聚集、要素市场发达、国内市场大等特点，这直接影响了住宅建设的方式和水平。美国的住宅用构件和部品的标准化、系列化、专业化、商品化、社会化程度很高，几乎达到 100%。这不仅反映在主体结构构件的通用化上，还特别反映在各类制品和设备的社会化生产和商品化供应上。除工厂生产的活动房屋和成套供应木框架结构的预制构配件外，其他混凝土构件和制品、轻质板材、室内外装修，以及设备等产品十分丰富，品种达几万种，用户可以通过产品目录，从市场上自由买到所需的产品。

美国的工业化住宅起源于 20 世纪 30 年代，当时是汽车拖车式的、用于野营的汽车房屋。最初作为车房的一个分支业务而存在，主要是为选择迁移、移动生活方式的人提供一个住所。但是在 40 年代，也就是“二战”期间，野营的人数减少了，旅行车被固定下来，作为临时的住宅。“二战”结束以后，政府担心拖车造成贫民窟，不许再用其来做住宅。

20 世纪 50 年代后，人口大幅增长，军人复员，移民涌入，同时军队和建筑施工队也急需简易住宅，美国出现了严重的住房短缺。这种情况下，许多业主又开始购买旅行拖车作为住宅使用。于是政府又放宽了政策，允许使用汽车房屋。同时，受它的启发，一些住宅生产厂家也开始生产外观更像传统住宅，但是可以用大型的汽车拉到各个地方直接安装的工业化住宅。可以说，汽车房屋是美国工业化住宅的一个雏形，如图 3-6 所示。

图 3-6　美国早年的汽车住宅

美国的工业化住宅是从房车发展而来的，其在美国人心中的感觉大多是低档的、破旧的住宅，其居民大多是贫穷的、老弱的、少数民族或移民。更糟糕的是，由于社会的偏见(对低收入家庭等)，美国的大多数地方政府对这种住宅群的分布有多种限制，工业化住宅在选取土地时就更难进入“主流社会”的土地使用地域(城市里或市郊较好的位置)，这更强化了人们对这种产品的心理定位，其居住者也难以享受到其他住宅居住者一样的权益。为了摆脱低等、廉价形象，工业化住宅努力求变。

1976 年，美国国会通过了国家工业化住宅建造及安全法案，同年开始由 HUD 负责出台一系列严格的行业规范标准,一直沿用到今天。除了注重质量,现在的工业化住宅更加注重提升美观、舒适性及个性化,许多工业化住宅的外观与非工业化住宅外观差别无几。新的技术不断出现,节约方面也是新的关注点。这说明,美国的工业化住宅经历了从追求数量到追求质量的阶段性转变。

美国1997年新建住宅147.6万套,其中工业化住宅113万套,均为低层住宅,其中木结构数量为99万套,其他的为钢结构,这取决于他们传统的居住习惯。据美国工业化住宅协会不完全统计,2001年,美国的工业化住宅已经达到了1 000万套,为22 00万的美国人解决了居住问题。

现在,美国每16个人中就有1个人居住的是工业化住宅。在美国,工业化住宅已成为非政府补贴的经济适用住房的主要形式,因为其成本还不到非工业化住宅的一半。在低收入人群、无福利的购房者中,工业化住宅是住房的主要来源之一。

3.2.5 日本装配式混凝土建筑的发展历程及现状

日本是世界上最早在工厂里生产建筑构件的国家之一,早在1968年日本就提出装配式建筑的概念。早期日本预制装配式的建筑有木结构、混凝土结构和钢结构三种类型,但在经过多年的发展和实践之后,钢结构占据了绝对的主导地位。为了满足人口密集的市场的需求,日本从一开始就探索中高层建筑的构件工厂化生产体系,在预制结构体系整体性抗震和隔震设计方面取得了突破性进展。具有代表性成就的是日本2008年采用预制装配框架结构建成的两栋58层的东京塔。日本通过立法保证了混凝土预制构件的质量,同时出台一系列的政策和标准,解决了标准化、批量化生产和多样化需求三者之间的矛盾。

日本的建筑工业化发展道路与其他国家差异较大,除了主体结构工业化之外,借助于其在内装部品方面发达成熟的产品体系,日本在内装工业化方面发展同样非常迅速,形成了主体工业化与内装工业化协调发展的完善体系。图3-7为日本建筑工业化发展历程。

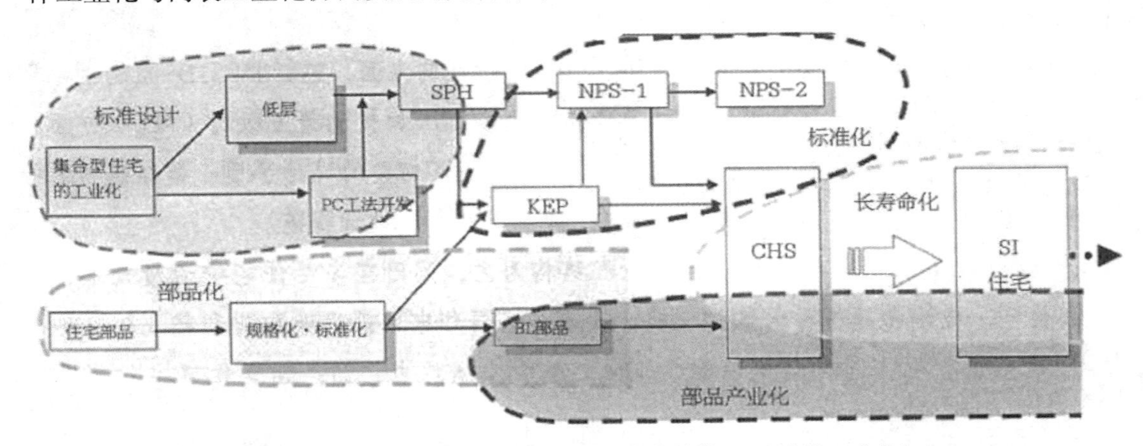

图3-7 日本建筑工业化发展历程(主体结构PC+内装工业化)

从日本住宅发展经验来看,住宅建设体系工业化生产是核心所在。日本集合住宅的产业现代化发展的三条脉络是:建筑体系的发展;主体结构的发展;内装部品工业化的发展。

1. 基本住房需求阶段(1960—1973)

经过1945—1960年的经济恢复阶段,1960年日本的国内生产总值(GDP)达到人均475美元,具备了经济起飞的基本条件。随着经济的高速发展,日本的人口急剧膨胀,并不断向大城市集中,导致城市住宅需求量迅速扩大,而建筑业又明显存在技术人员和操作人员不足的问题。因此,为满足人们的基本住房需求,减少现场工作量和工作人员,缩短工期,日本建设省制定了一系列住宅工业化方针、政策,并组织专家研究建立统一的模数标准,逐步实现标准化和部件化,从而使现场施工操作简单化,提高质量和效率。该时期日本通过大规模的住宅建设满足了人们的基本住房需求。根据1968年的住宅统计调查,日本已达到了一户一住宅的标准,人们的基本住房需求得以满足。大规模的住宅建设,尤其是以解决工薪阶层住房问题为主的大规模公营住宅建设,为日本住宅产业的初步发展开辟了途径。

2. 设施齐全阶段(1973—1985)

1976年,日本提出10年建设目标,达到一人一居室,每户另加一个公用室的水平。日本的建筑工业化从满足基本住房需求阶段进入完善住宅功能阶段,该阶段住宅面积在扩大,质量在改善,人们对住宅的需求从数量的增加转变为质量的提高。20世纪70年代,日本掀起了住宅产业的热潮,大企业联合组建集团进入住宅产业,在技术上产生了盒子住宅、单元住宅等多种形式,并且为了保证产业化住宅的质量和功能,设立了工业化住宅质量管理优良工厂认定制度,并制定了《工业化住宅性能认定规程》。在推行工业化住宅的同时,70年代重点发展了楼梯单元、储藏单元、厨房单元、浴室单元、室内装修体系以及通风体系、采暖体系、主体结构体系和升降体系等。到了80年代中期,产业化方式生产的住宅占竣工住宅总数的比例已增至15%~20%,住宅的质量功能也有了提高,日本的住宅产业进入稳定发展时期。

3. 高品质住宅阶段(1985年至今)

1985年,随着人们对住宅高品质的需求,日本几乎已经没有采用传统手工方式建造的住宅了,全部住宅都采用新材料、新技术,并且在绝大多数住宅中采用了工业化部件,其中工厂化生产的装配式住宅约占20%。到90年代,采用产业化方式生产的住宅占竣工住宅总数的25%~28%。1990年,日本推出了采用部件化、工业化生产方式,具有高生产效率、住宅内部结构可变、适应居民多种不同需求的中高层住宅生产体系,住宅产业在满足高品质需求的同时,也完成了产业自身的规模化和产业化的结构调整,进入成熟阶段。根据日本总务省统计局数据,2013年,日本公寓住宅占全部住宅总数的50%,其中木结构占12%;独立住宅占住宅总数50%,其中木结构占44%。

3.2.6 澳大利亚装配式混凝土建筑的发展历程及现状

19世纪60年代,澳大利亚就有了快速安装预制化建筑的概念,但是直到20世纪80年代,装配式建筑才进入快速发展阶段。澳大利亚主要发展装配式的轻钢结构建筑体系,这种体系以冷弯薄壁型钢作为承重结构,屋面板材采用彩钢瓦等,采用预制复合夹心外挂墙板、轻质板材楼板形式。该体系以工业化的设计及施工为核心,通过电脑辅助设备进行设计,并全程控制设计完成,保证了构件的设计精度。施工现场除基础为现场现浇方式外,其余构件都可以采用干法施工安装。

3.2.7 国外装配式建筑发展对我国的启示和建议

我国应积极学习国外先进国家的成功经验。从西方发达国家装配式建筑走过的道路来看,随着全社会生产力发展水平的不断提高,住宅建设必然要走向集成集约、绿色低碳、产业高效的道路上来。我国建筑的建造方式仍处于较低水平,发展正处于转折点,必须通过整个产业的转型升级,使建设领域促进节能减排、转变发展方式、提升质量效益等发展战略目标得以实现。历史上我们已学习了苏联、法国、日本等国家的建筑工业化经验,但也要避免出现盲目照搬、不加消化地吸收、脱离中国实际等问题。

(1) 积极推进标准化工作。20 世纪 70 年代末到 80 年代初已经建立的一套标准化设计、生产体系是较为成熟的方法套路,如北京市通用全装配化住宅体系等,应该将方法合理继承并发扬光大。

(2) 先易后难,循序渐进。先实验研发,再在试点中试,成功后全面推开,这在万科等企业身上都是成功的方法,值得借鉴。

(3) 在我国集中组织形成设计、生产、施工、维护等一体化的产业链集团,事实证明这是较为有效推进产业化的措施。

(4) 全面提高装配式建筑的质量和性能。逐步延长住宅建筑结构设计使用年限(比如延长到 100 年),具备条件的地区,要提升工程建设标准等级。

(5) 提高住宅建筑的可改造性。具备条件的地区,要推进结构体与填充体分离的建造模式。

(6) 加强全过程监管,避免质量问题。加强质量追溯,为责任倒逼机制的实现提供技术支撑;非标准化构件质量需要监理单位驻场监理;标准化构件由构件厂进行自我监理,质量监督站有权通过质量追溯体系进行抽查和信息调取(监理人员到构件厂涉及住建部和质量监督局的职能划分问题);对于质量问题,建立全国通报制度,严格惩罚;建立面向消费者的装配式建筑全寿命期的档案查询和维修管理制度。

3.3 国内装配式混凝土建筑发展历程及现状

3.3.1 中国装配式混凝土建筑的发展历程

纵观我国装配式建筑的发展历程,可以看到,在学习苏联的过程中,曾一度“轰轰烈烈”,却又因多种原因“戛然而止”,停滞不前;可以看到,装配式建筑应用由多层砖混向高层住宅的不断探索;可以看到,建筑工业化发展理论由“三化”“四化、三改、两加强”逐步发展至新“四化”“五化”“六化”,对装配式建筑的认识不断深入;更可以看到,不同时期,全国典型城市的建筑工业化的发展特点。

1. 发展初期

我国装配式混凝土建筑发展初期时间为 1950—1976 年,在这一时期我国装配式混凝土建筑全面学习苏联，应用领域从工业建筑和公共建筑，逐步发展到居住建筑。

20世纪50年代，我国完成了第一个五年计划，建立了工业化的初步基础，开始了大规模的基本建设，建筑工业快速发展。在全面学习苏联的背景下，我国的设计标准，包括建筑设计、钢结构、木结构和钢筋混凝土结构设计规范全部译自俄文，直接引用。

工业建筑方面，苏联帮助建设的153个大项目大都采用了预制装配式混凝土技术。各大型工地上，柱、梁、屋架和屋面板都在工地附近的场地预制，在现场用履带式起重机安装。当时工业建筑的工业化程度已达到很高的水平，但墙体仍为小型黏土红砖手工砌筑。

居住建筑方面，城镇建设促进了预制装配式技术的应用。各种构件中标准化程度最高的当属空心楼板。初期使用简单的木模，在空地上翻转预制，待混凝土达到一定强度后再把组装成的圆芯抽出。当时的预制厂的投资很少，技术落后，手工操作繁多，效率和质量较低。一百千克左右的混凝土成品用人力就可以抬起就位，无须吊装设备。后来多个大城市开始建设正规的构件厂，典型的如北京第一和第二构件厂（后来发展为榆构公司），用机组流水法以钢模在振动台上成型，经过蒸汽养护送往堆场，成为预制生产的示范。此时全国混凝土预制技术突飞猛进，全国各地数以万计的大小预制构件厂雨后春笋般出现，成为住宅装配化发展的物质基础。东欧的预制技术也传至我国，北京市引进了东德的预应力空心楼板制造机（康拜因联合机），在长线台座上一台制造机完成混凝土浇筑和振捣、空心成型和抽芯等多个工序。这实际上是后来美国SP大板的雏形。20世纪70年代，由东北工业建筑设计院（现中国建筑东北设计研究院有限公司）设计了挤压成型机（也称行模成型机）在沈阳试制成功，开创了国内预应力钢筋混凝土多孔板生产新工艺，后在柳州等地推广应用。

除柱、梁、屋架、屋面板、空心楼板等构件大量被应用外，墙体的工业化发展同样是这一时期的重要特点，主要代表是北京的振动砖墙板、粉煤灰矿渣混凝土内外墙板、大板和红砖结合的内板外砖体系，上海的硅酸盐密实中型砌块，以及哈尔滨的泡沫混凝土轻质墙板。这些技术体系从墙材革新角度入手，推动了当时装配式建筑的发展。

2. 发展起伏期

发展起伏期大体上从1976年到1995年，这个时期装配式建筑经历了停滞、发展、再停滞的起伏波动。

(1) 1976至1978年。经过建筑工业化初期的发展，20世纪70年代中国城市主要是多层的无筋砖混结构住宅，以小型黏土砖砌成的墙体承重而楼板则多采用预制空心楼板。水平构件基本没有任何拉结，简单地用砂浆铺在砌体墙上，墙上的支承面不充分，砌体墙无配筋，出现了一系列问题。之后，北京、天津一带已有的砖混结构统统用现浇圈梁和竖向构造柱形成的框架加固。全国划分了抗震烈度区，颁布了新的建筑抗震设计规范，修订了建筑施工规范，规定高烈度抗震地区废除预制板，采用现浇楼板；低烈度地区在预制板周围加现浇圈梁，板的缝隙灌实，添加拉筋。很多民用建筑的预制厂改为生产预制梁柱、铁路轨枕、涵洞管片、预制桩等工业制品。

(2) 1978年至20世纪80年代初。改革开放以后，在总结前20年建筑工业化发展的基础上，住宅建设政策研究的先行者林志群、许溶烈先生共同提出"四化、三改、两加强"，即房屋建造体系化、制品生产工厂化、施工操作机械化、组织管理科学化，改革建筑结构、改革地基基础、改革建筑设备，加强建筑材料生产、加强建筑机具生产。与旧的"三化"相比，更加注重体系和科学管理,但重点还是集中在结构、建材、设备上。随后我国建筑工业化出现了一轮高峰,各地纷纷组建产业链条企业,标准化设计体系快速建立,一大批大板建筑、砌块建筑纷纷落地。但随着大规模上马,市场需求快速增长,工业化构件生产无法满足建设需要,使构件质量下滑,另外配套技术研发没有跟上,导致防水、冷桥、隔声等影响住宅性能的关键技术均出现问题,加之住房商品化带来了多样化需求的极大提升,使得一度红火的建筑工业化又逐渐陷于停滞阶段。

(3) 20 世纪 80 年代初至 1995 年。国外现浇混凝土技术传至国内,使建筑工业化的另一路径——现浇混凝土的机械化出现。砖石砌体被抛弃后,用大模板现浇配筋混凝土的内墙应运而生,现浇楼板的框架结构、内浇外砌和外浇内砌等各种体系纷纷出现。80 年代开始,这类体系应用极为广泛,因为它解决了高层建筑用框架结构时梁柱和填充墙的抗震设计较为复杂这一问题,而现浇的配筋内横墙、纵墙和承重墙或现浇的筒体结构则形成了刚度很大的抗剪体系,可以抵抗较大的水平荷载,因此提高了结构的最大允许高度。外墙则采用预制的外挂墙板。这种建筑结构体系将施工现场泵送混凝土的机械化施工和外挂预制构件的装配化高效结合,发挥了各自的优势,因而发展很快。

在某些情况下,无法解决外墙板的预制、运输或吊装,可以采用传统的砌体外墙,这就是内浇外砌体系。20 世纪 90 年代初至 2000 年前后,由于城市建设改造的需要,北京大量兴建的高层住宅基本上是内浇外挂体系。起初的内浇外挂住宅体系是房屋的内墙(剪力墙)采用现浇混凝土,楼板则用工厂预制整间大楼板(或预制现浇叠合楼板),外墙是工厂预制混凝土外墙板。开始是单一的轻骨料混凝土,后来为提高保温效果,逐渐改为中间层用高效保温材料,采用平模反打工艺,墙板外饰面有装饰的条纹,这种内浇外挂墙板可以承受 20%～30% 的地震水平荷载。

3. 发展提升期

发展提升期大体上是从 1996 年到 2015 年。

(1) 2002 年国家颁布行业标准 JGJ3－2002《高层建筑混凝土结构技术规程》,按北京地区抗八度地震设防要求,混凝土预制构件的应用受到许多制约,建筑高度不超过 50 m(一般为 16 层或 18 层以下)。后来城市用地日趋紧张,住宅高度不断提高,开发商建造 20 层以上高层住宅的比例逐年增加。由于预制混凝土楼板、预制外墙板节点处理的问题较为复杂,为了进一步提高建筑整体性,现浇混凝土楼板逐渐取代了预制大楼板和预制承重的混凝土外墙板结构。

(2) 预拌混凝土工业发展推动混凝土技术进步。大模板现浇混凝土建筑的兴起,推动了中国预拌混凝土工业的发展。工厂化的发展使预拌混凝土在我国大、中型城市(尤其是东部地区)的年生产能力达到 3 000 万 m^3 以上,部分大城市的预拌混凝土产量已达到现浇混凝土总量的 50%以上。搅拌站的规模趋于大型化、集团化,装备技术、生产技术和管理经验趋于成熟,泵送技术的使用开始普及,混凝土的强度等级有所提高,掺合料和外加剂的技术飞速发展。随着施工现场湿作业的复苏,现浇技术的缺点日益彰显,即使使用钢模,支模,手工作业还是很多,劳动强度大,特别是养护耗时长,施工现场污染严重。

(3) 劳动力市场发生变化。这一时期,从事体力劳动的人力资源紧张,建筑业出现了人工短缺现象。业内人士逐渐意识到,长期以现场手工作业为主的传统生产方式不能再继续下去了，装配式建筑的发展重新引起了关注。

（4）开始重视质量和效益的提升。除了关注装配式建造方式外，社会各界开始关注减少用工、提升质量和减少浪费等课题。在新形势下，装配式建筑的优势明显，但是装配式结构体系整体性能差，不能抵御地震破坏的阴影仍然笼罩在建筑界。为了区别于过去的全装配式，出现了一个新的体系，在2008年前后得到了一个新的名称——装配整体式结构。最早形成法规文件的是深圳市住房和建设局2009年发布的深圳市技术规范SJG18－2009《预制装配整体式钢筋混凝土结构技术规范》。装配整体式结构的特点是尽量多的部件采用预制件，相互间靠现浇混凝土或灌注砂浆连接措施结合，使装配后的构件及整体结构的刚度、承载力、恢复力特性、耐久性等同现浇混凝土构件及结构相同。

（5）装配整体式结构发展出不同的分支。一种使用现浇梁柱和现浇剪力墙，另一种把剪力墙也做成预制的或半预制的。前者可称为简单构件的装配式，只涉及标准通用件和非标准通用件，不涉及承重体系构件；后者则做到了承重构件的预制，预制率有了很大提升。

（6）上海、北京等地积极探索。经过两年时间的编写，上海市2010年发布了由同济大学、万科和上海建科院等单位联合编制的DG/TJ08－2071－2010《装配整体式混凝土住宅体系设计规程》，其中对装配整体式混凝土结构的定义是："由预制混凝土构件或部件通过钢筋、连接件或施加预应力加以连接并现场浇筑混凝土而形成整体的结构。"这种结构体系是对50年前装配式建筑体系的一种提升，是经过多次痛苦的地震灾害后的总结，也基本适应了新时期高层装配式建筑发展的需要。

北京万科开展了首个装配整体式混凝土体系住宅的实践。第一步，万科于2007年跟北京榆树庄构件厂共同建立了产业化研发中心。第二步是科研论证，进行了大量的学术研讨，包括委托工程院的院士，清华大学、建研院等科研院所做了大量抗震试验。第三步是建设实验楼，在榆树庄构件厂里盖了一栋真正意义上的工业化住宅。2008年，万科开始启动两栋工业化住宅，这也是新时期真正意义的工业化住宅楼。

全国各省市积极出台政策，在保障性住房建设中大力推进产业化，装配式建筑试点示范工程开始涌现。以北京为例，北京在2014年提出保障房实施产业化100%全覆盖，并以公租房为切入点，全面建立以标准化设计、建造、评价、运营维护为核心的保障性住房建设管理标准化体系，建立标准化设计制度、专家方案审核制度、优良部品库制度等，实施产业化规模已超过1 000万m^2，其中结构产业化、装配式装修均实施的全装配式住宅已经达到145万m^2规模；北京由简到难，分类指导，全面使用水平预制构件，于2015年10月出台政策，提出保障性住房中全面实施全装修成品交房，大力推行装配式装修。

3.3.2 中国装配式混凝土建筑的发展现状

1. 装配式建筑稳步推进

以试点示范城市和项目为引导，部分地区呈现规模化发展态势。截至2013年底，全国装配式建筑累计开工1 200万平方米，2014年当年开工约1 800万平方米，2015年当年开工近4 000万平方米。据不完全统计，截至2015年底，全国累计建设装配式建筑面积约8 000万平方米，再加上钢结构、木结构建筑，大约占新开工建筑面积的5%。

2. 政策支撑体系逐步建立

《我国国民经济和社会发展"十二五"规划纲要》《绿色建筑行动方案》都明确提出推进建筑业结构优化，转变发展方式，推动装配式建筑发展；2016 年 2 月，中共中央、国务院发布《关于进一步加强城市规划建设管理工作的若干意见》，提出"大力推广装配式建筑""加大政策支持力度，力争用 10 年左右时间，使装配式建筑占新建建筑的比例达到 30%"。

3. 技术支撑体系初步建立

经过多年研究和努力，随着科研投入的不断加大和试点项目的推广，各类技术体系逐步完善，相关标准规范陆续出台。国家标准 JGJ1－2014《装配式混凝土结构技术规程》已于 2014 年正式执行，《装配整体式混凝土结构技术导则》已于 2015 年发布，GB/T 51129－2015《工业化建筑评价标准》于 2016 年实行。

初步建立了装配式建筑结构体系、部品体系和技术保障体系，分单项技术和产品的研发已经达到国际先进水平。如在建筑结构方面，预制装配式混凝土结构体系、钢结构体系等都得到一定程度的开发和应用，装配式剪力墙、框架外挂板等结构体系施工技术日益成熟，设计、施工与装修一体化项目的比例逐年提高。屋面、外墙、门窗等一体化保温节能技术产品越来越丰富，节水与雨水收集技术、建筑垃圾循环利用、生活垃圾处理技术等得到了较多应用。这些装配式技术提高了住宅的质量、性能和品质，提升了建筑整体节能减排效果，带动了工程建设科技水平全面提升。

4. 行业内生动力持续增强

建筑业生产成本不断上升，劳动力与技工日渐短缺，从客观上促使越来越多的开发、施工企业投身装配式建筑工作，把其作为企业提高劳动生产率、降低成本的重要途径。企业参与的积极性、主动性和创造性不断提高。通过投入大量人力、物力展开装配式建筑技术研发，万科、远大等一批龙头企业已在行业内形成了较好的品牌效应。装配式建筑设计、部品和构配件生产运输、施工以及配套等能力不断提升。

截至 2014 年底，据不完全统计，全国 PC 构件生产线超过 200 条，产能超过 2 000 万立方米，如按预制率 20%和 50%分别测算，可供应装配式建筑面积 8 000 万平方米和 2 亿平方米。整个建设行业走装配式建筑发展道路的内生动力日益增强，标准化设计以及专业化、社会化大生产模式正在成为发展的方向。

3.3.3 中国装配式混凝土建筑发展的问题

1. 标准规范有待健全

虽然国家和地方出台了一系列装配式建筑相关的标准规范，但缺乏与装配式建筑相匹配的独立的标准规范体系，部品及构配件的工业化设计标准和产品标准需要完善。由于缺乏对模数化的强制要求，导致标准化、系列化、通用化程度不高，工业化建造的综合优势不能充分显现。

2. 技术体系有待完善

各地在探索装配式建筑的技术体系和实践应用时，出现了不同的技术体系，但大部分还是在试点探索阶段，成熟的、易规模推广的还相对较少。因此，目前迫切需要总结梳理成熟可靠的技术体系，作为全国各地试点项目选择的参考依据。

3. 监管机制不匹配

当前的建设行业管理机制不适应或滞后于装配式建筑发展的需要。有些监管办法甚至阻碍了工程建设进度和效率的提升；而有些工程项目的关键环节甚至又出现监管真空，容易出现新的质量安全隐患，必须加快探索新型的建设管理部门监管制度。

4. 生产过程脱节

装配式建筑适于采用设计生产施工装修一体化的项目，但目前生产过程各环节条块分割，没有形成上下贯穿的产业链，造成设计与生产施工脱节、部品构件生产与建造脱节、工程建造与运维管理使用脱节，导致工程质量性能难以保障、责任无法追究。

5. 成本高于现浇，影响推广

装配式建筑发展初期，在社会化分工尚未形成、未能实施大规模广泛应用的市场环境下，装配式建造成本普遍高于现浇混凝土建造方式，每平方米大约增加200～500元。而装配式建筑带来的环境效益和社会效益，还未被充分认识，特别是由于缺乏政策引导和扶持，市场不易接受，直接影响了装配式建筑的推进速度。随着规模化的推进和效率的提升，性价比的综合优势将逐渐显现出来。

6. 装配式建筑人才不足

目前，不论是设计、施工，还是生产、安装，各环节都存在人才不足的问题，严重制约着装配式建筑的发展。

7. 与装配式建造相匹配的配套能力不足

尚未形成与装配式建造相匹配的产业链，包括预制构件生产设备、运输设备、关键构配件产品、适宜的机械工具等，这些能力不配套，已严重影响了装配式建设整体水平的提升。

3.3.4 中国香港装配式混凝土建筑的发展历程及现状

中国香港总面积约1 100 km^2，人口约710万。香港的房屋分为两大类，一类是商品房，另一类是政府兴建或资助的公共住房，公共住房又分为居屋和公屋两种，居屋用于出售，公屋用于出租，类似于内地的公共租赁房。目前，香港拥有居屋约42万套(居住125万人)，公屋约72万套(居住213万人)。居住在公共房屋的人口约占全港总人口的50%，较好地解决了市民的居住问题。香港对公共房屋的规划设计、建设工程的机械化施工和工业化技术、工程质量提升、工程管理优化等进行了长期的研究和开发，确保房屋建造技术持续不断进步，稳居世界前列，而且坚持了数十年。

1. 发展历程

(1) 发展起源。香港的房屋制度起源于1953年初的“石硖尾大火”，香港政府为了妥善安置灾民，推出公共房屋计划，设立“徙置事务处”，负责徙置屋的建设，为灾民提供临时性房屋或公屋(即廉租房)。1958年成立了香港屋宇建设委员会，负责兴建公屋，1963年推出了“廉租房计划”。

这一阶段，香港的公屋主要是以“徙置区为主，廉租房为辅”的方式，公屋的类型主要以外走廊式的H形、L形低层建筑为主，如图3-8所示。

图 3-8 香港公屋

(2) 初步规划。随着香港经济的飞速发展,政府财力不断增强,居民收入显著提升,早期徙置大厦和廉租屋拥挤的居住空间和简陋的设施已无法满足居民的需求。1972 年,香港政府推出"十年建屋计划",该计划的目标是在 1973—1982 年这十年间,逐步为 180 万香港居民提供配套设备齐全、具备优良居住环境的住所。1973 年,香港政府成立了"房屋委员会",接收所有政府的廉租房和徙置大厦,通过十年的努力,总共兴建了 22 万套公共住宅,并以较低的价格出售或出租,约有上百万人从中受益。

在公屋类型方面,从 20 世纪 70 年代起,公屋的设计有了很大的改善,住宅形态也逐渐从板式转变为塔式,主要的形式有:双塔式、新 H 形、新长型、Y 形、十字形等,如图 3-9 所示。

图 3-9 70 年代香港公屋主要形式

(3) 长远战略。20 世纪 80 年代,香港居民收入的增长带动购房需求的持续高涨。虽然大多数居民已经解决居住问题,但仍有约 18 万人在公屋轮候册上等候公屋分配指标,同时申请购买居屋的人数也远远超出政府出售居屋的数量。基于上述原因,香港政府于 1978 年推出了"居者有其屋计划",对一些无力购买私人商品房,又不符合政府公屋扶持对象的中等收入居民提供资助购房置业。同时设立专项基金,鼓励私人开发商参与政府的居屋计划。

1987 年,香港社会人口老龄化问题日益凸显,政府及时推出了"长者住屋计划",为年满

60岁的老年人提供有舍监服务的房屋。1988年，香港政府推出“长远房屋策略”和“自置居所贷款计划”，计划至2001年兴建96万个新户型单位。

在公屋类型方面，在这一阶段香港公屋的品质不断提高，人均居住面积逐步达到7.5 m^2，为了加快公屋建造速度，减少建造成本及有效控制公屋建设品质，香港房屋署逐步开始户型标准化设计，以几种住宅标准层平面作为公屋原型，推出和谐式、康和式公屋（见图3－10），房屋布局基本是电梯间设在中间，每户均有固定标准厨房和洗手间。

图3－10　和谐式、康和式公屋

（4）持续稳定。1998年亚洲金融危机期间，香港政府仍坚持大量增建房屋，结果造成供过于求，楼价暴跌。为了稳定楼市，香港政府于2003年9月宣布了四项措施，包括无限期停建及停售居屋，终止私人开发商参建居屋，停止推行混合发展计划，以及停止租者置其屋计划，可售类的公屋政策全面暂停。目前，香港政府在公屋租赁市场上仍处于主导地位，从房屋增量分析，香港政府建设的出租公屋为年竣工住宅的35%～50%；从房屋存量分析，香港政府提供的公屋和补贴出售居屋所占份额低于私人商品房；因此，香港已形成了公私并存、互补发展、租售同行的双轨式市场格局。

在公屋类型方面，由于20世纪90年代期间，香港房屋署以标准化设计在各区大规模兴建一式一样的公屋，被批评单调乏味，而且近年来公屋量锐减，公屋的地块亦趋小型和不规则。为此，香港房屋署从2000年开始推行因地制宜的设计方法，建立了新的组件式标准单位设计图集（见图3－11），采用标准化尺寸和空间配置，采用标准化配件使得单元组合更为灵活。

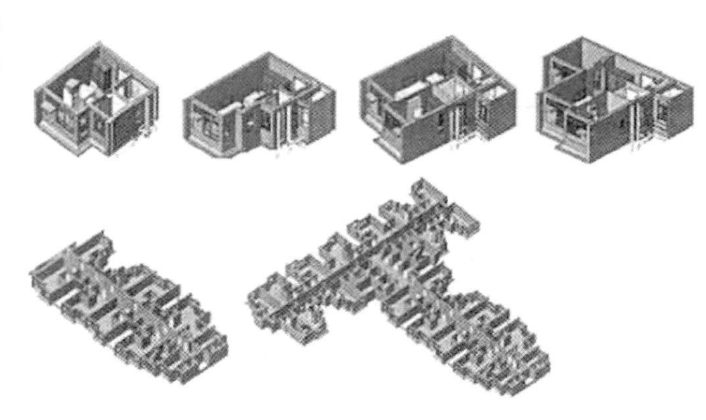

图3－11　组件式标准单位设计

2. 施工情况

中国香港早期的建造工艺都是传统的工法,外墙和楼板全是现场支模现浇混凝土,内墙用砖砌筑。由于建筑管理是粗放式的,建筑材料浪费严重,产生大量建筑垃圾,施工质量无法控制,导致后期维修费用不断上升;而且随着本地工人工资上涨,建筑工程费用也在逐年增长。在推进公屋、居屋和私人商品房的预制装配工业化施工,香港房委会采取了不同的措施。

(1) 公共房屋。从20世纪80年代后期开始,由于户型标准化设计,为了加快建设速度、保证施工质量、实现建筑环保,香港房委会提出预制构件的概念,开始在公屋建设中使用预制混凝土构件。当时的技术主要是从法国、日本等国家引入,采取"后装"工法,主体现场浇注完成后,外墙的预制构件都是在工地制作后逐层吊装。由于整个预制构件行业制作水平及工人素质的差距,导致预制构件加工尺寸等难以精确控制,使质量难以保证,而且后装的构件与主体外墙之间的拼接位置极易出现渗水问题。

香港房委会经研究和摸索,结合香港的实际提出"先装"工法,所有预制构件都预留钢筋,主体结构一般采用现浇混凝土结构,施工顺序为先安装预制外墙、后进行内部主体现浇的方式,预制的外墙既可作为非承重墙,也可作为承重的结构墙,由于先将墙体准确地固定在设计的位置,主体结构的混凝土在现场浇筑,待现浇部分完全固结后形成整体的结构,因此对预制构件的尺寸精度要求不高,降低了构件生产的难度,同时每一次浇筑混凝土都是消除误差的机会,提高了成品房屋的质量,而且整体式的结构提高了房屋防水、隔声的性能,基本解决了外墙渗水问题。后来香港逐渐把构件预制的工作转移到预制构件厂,外墙预制构件取得成功后,香港房委会进一步推动预制装配式的工业化施工方法,使楼梯、内隔墙板也进行预制生产。到现在整体厨房和卫生间也已改为预制构件,并且要求在公屋建造中强制使用预制构件,目前最高预制比例达到了40%。

(2) 私人商品房。公共房屋的设计标准化,使得预制构件的规模化生产成为可能,带来了不错的效率和效益。1998年以后,私人商品房开发项目也开始应用预制外墙技术,但是由于预制外墙的成本较高,在2002年之前,香港仅有4个私人商品房开发项目采用了预制建造技术。其大量使用是从2002年开始的,这主要归功于政府的两项政策:为鼓励发展商提供环保设施,采用环保建筑方法和技术创新,2001年和2002年香港房宇署、地政总署和规划署等部门联合发布《联合作业备考第1号》及《联合作业备考第2号》,规定露台、空中花园、非结构外墙等采用预制构件的项目将获得面积豁免,外墙面积不计入建筑面积,可获豁免的累积总建筑面积不得超过项目规划总建筑面积的8%,其实是变相提高容积率,多出的可售面积可以部分抵消房地产开发商的成本增加。目前,私人商品房大部分采用的是外墙预制件。

3. 经验借鉴与启示

香港公屋建设经过多年发展,通过长远的建设目标、专业的管理机构、持续的资金保障和先进的建设方式,香港广大居民,尤其是占社会较大比例的中低收入人群从中受益匪浅。香港公屋的发展模式,对于我们进一步推进住宅产业化工作,主要有以下几点经验可供借鉴。

(1) 公共房屋建设的有效需求形成产业链。香港在早期公屋建设中采用现场现浇混凝土，材料浪费严重，建筑垃圾多，且无法控制质量。香港在政府投资的公共房屋项目中率先使用预制构件装配式施工，从而形成大量持续的有效需求，逐步培养了预制部品构件产业链，促进预制部品构件开发、生产和供应，进一步完善符合工业化施工的建筑设计、施工、验收规范。

（2）标准化设计实现预制构件规模化生产。香港公屋的标准化设计从 20 世纪 80 年代的普通标准户型，到如今的组件式单元设计，经历了 30 多年的研究和实践，标准化设计促进了预制构件的规模化生产。

（3）由易到难、进阶发展的技术路线。20 世纪 60 年代，最先放到工地外预制的是洗手盆和厨房的灶台。这两个小部件改为装配式后，不但质量得以保证，而且施工速度加快了，现场产生的建筑垃圾也减少了，预制化尝试取得了初步的成功；20 世纪 90 年代，房委会决定进一步将预制工业化施工方法推广到楼梯段和内外墙板，极大提高了建设质量，减少了安全隐患，对采用预制外墙的激励措施也逐步出台；21 世纪初，香港建筑工业化迎来结构构件和三维立体化预制的重大突破。

（4）优惠政策引导开发商实施住宅产业化。中国的香港经验证明，要推动整个住宅工业化施工的发展，除了在政府项目中强制性采用工业化施工技术，更重要的是调动整个建筑开发商的积极性，这需要政府出台相关的激励政策，如建筑面积豁免、容积率奖励等。

（5）香港工法适合国内住宅产业化发展。香港工法提倡预制与现浇相结合，采用装配式结构，在进行建筑主体施工时，把预制墙板先安装就位，用现浇的混凝土将预制墙板连接为整体的结构，香港工法适合我国住宅产业化推广使用。

第4章 装配式混凝土建筑设计及主要构件

预制装配式混凝土结构技术发展至今，混凝土工厂预制的方法已经能制作出绝大多数结构部件，如楼板、梁、墙板、柱、楼梯等，并且结合装配式施工工艺特点以及必不可少的节点现浇湿作业施工方式，对这些结构构件进行了丰富多彩的适应性改良，在此过程中，产生了许多独具特色的施工工艺及做法。

4.1 协同设计

设计模式是面向现场施工，很多问题要到施工阶段才能够暴露出来，装配式建筑的重要作用在于将施工阶段的问题提前至设计、生产阶段解决，将设计模式由面向现场施工转变为面向工厂加工和现场施工的新模式，这就要求我们运用产业化的目光审视原有的知识结构和技术体系，采用产业化的思维重新建立企业之间的分工与合作，使研发、设计、生产施工以及装修形成完整的协作机制。随着装配式建筑的推进，“产业化思维”必将重塑中国的建筑行业，促使中国的建筑行业从“数量时代”跨越到“质量时代”。

装配式建筑设计应考虑实现标准化设计、工厂化生产、装配化施工、一体化装修和信息化管理，可以全面提升住宅品质，降低住宅建造和使用的成本。影响装配式建筑实施的因素有技术水平、生产工艺、管理水平、生产能力、运输条件、建设周期等。与采用现浇结构建筑的建设流程(见图4-1)相比，装配式建筑的建设流程(见图4-2)更全面、更精细、更综合，增加了技术策划、工厂生产、一体化装修等过程。

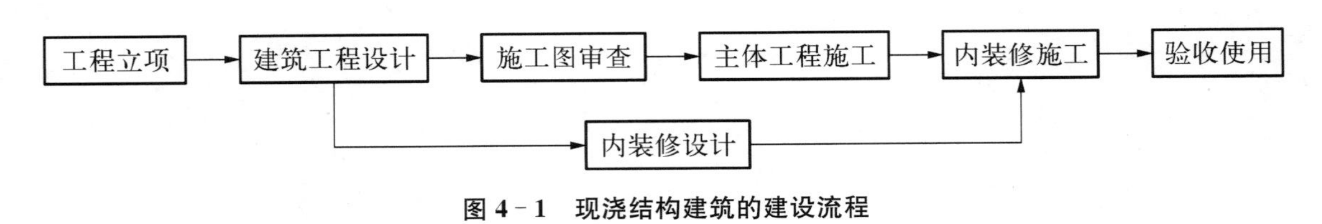

图4-1 现浇结构建筑的建设流程

在装配式建筑的建设流程中，需要建设、设计、生产和施工等单位精心配合，协同工作。在方案设计阶段之前，应增加前期技术策划环节，为配合预制构件的生产加工，应增加预制构件加工图纸设计环节。

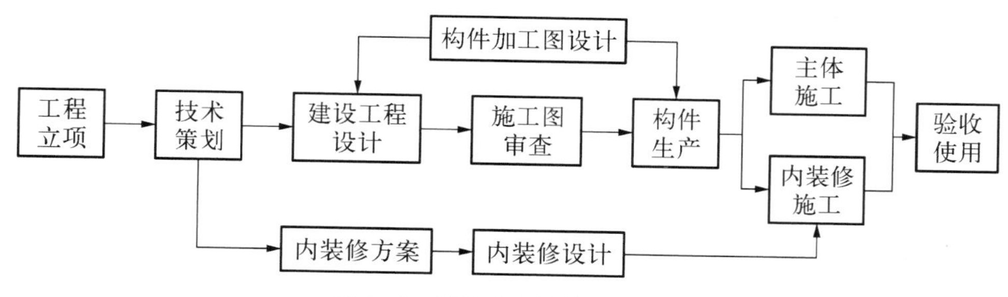

图 4-2 装配式建筑的建设流程

在装配式建筑设计中，前期技术策划对项目的实施起到十分重要的作用，设计单位应充分了解项目定位、建设规模、产业化目标、成本限额、外部条件等影响因素，制定合理的建筑设计方案，提高预制构件的标准化程度，并与建设单位共同确定技术实施方案，为后续的设计工作提供依据。

在方案设计阶段，应根据技术策划要点做好平面设计和立面设计。平面设计要在保证满足使用功能的基础上，实现住宅套型设计的标准化与系列化，遵循预制构件“少规格、多组合”的设计原则。立面设计要考虑构件宜生产加工的可能性，根据装配式建造方式的特点实现立面的个性化和多样化。

4.1.1 建筑专业协同

装配式建筑平面设计应遵循模数协调原则，优化套型模块的尺寸和种类，实现住宅预制构件和内装部品的标准化、系列化和通用化，完善装配式建筑配套应用技术，提升工程质量，降低建造成本。以住宅建筑为例，在方案设计阶段，应对住宅空间按照不同的使用功能进行合理划分，结合设计规范、项目定位及产业化目标等要求，确定套型模块及其组合形式。平面设计可以通过研究符合装配式结构特性的模数系列，形成一定标准化的功能模块，再结合实际的定位要求等形成适合工业化建造的套型模块，由套型模块再组合形成最终的单元模块，如图 4-3 所示。

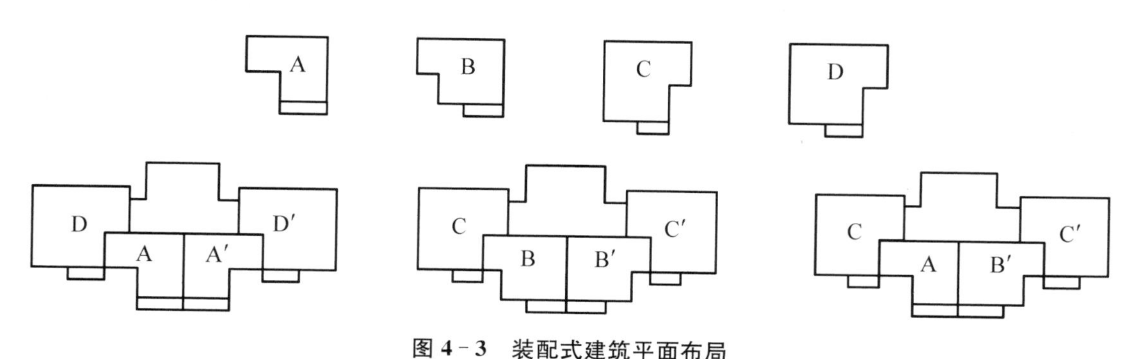

图 4-3 装配式建筑平面布局

建筑平面宜选用大空间的平面布局方式，合理布置承重墙及管井管线位置，实现住宅空间的灵活性、可变性。套内各功能空间分区明确、布局合理。通过合理的结构选型，减少套内承重墙体的出现，使用工业化生产的易于拆改的内隔墙划分套内功能空间。

4.1.2 结构专业协同

装配式建筑体型、平面布置及构造应符合抗震设计的原则和要求。为满足工业化建造的要求，预制构件设计应遵循受力合理、连接简单、施工方便、少规格、多组合的原则，选择适宜的预制构件尺寸和重量，方便加工运输，提高工程质量，控制建设成本。

建筑承重墙、柱等竖向构件宜上下连续，门窗洞口宜上下对齐，成列布置，不宜采用转角窗。门窗洞口的平面位置和尺寸应满足结构受力及预制构件设计要求。

4.1.3 机电专业协同

装配式建筑应考虑公共空间竖向管井位置、尺寸及共用的可能性，将其设在易于检修的部位。竖向管线的设置宜相对集中，水平管线的排布应减少交叉。穿预制构件的管线应预留或预埋套管，穿预制楼板的管道应预留洞，穿预制梁的管道应预留或预埋套管。管井及吊顶内的设备管线安装应牢固可靠，应设置方便更换、维修的检修门(孔)等。住宅套内宜优先采用同层排水，同层排水的房间应有可靠的防水构造措施。采用整体卫浴、整体厨房时，应与厂家配合土建预留净尺寸及设备管道接口的位置及要求。太阳能热水系统集热器、储水罐等的安装应与建筑一体化设计，结构主体做好预留预埋。

供暖系统的主立管及分户控制阀门等部件应设置在公共空间竖向管井内，户内供暖管线宜设置为独立环路。采用低温热水地面辐射供暖系统时，分、集水器宜配合建筑地面垫层的做法，设置在便于维修管理的部位。采用散热器供暖系统时，要合理布置散热器位置、采暖管线的走向。采用分体式空调机时，要满足卧室、起居室预留空调设施的安装位置和预留预埋条件。采用集中新风系统时，应确定设备及风道的位置和走向，住宅厨房及卫生间应确定排气道的位置及尺寸。

确定分户配电箱位置，分户墙两侧暗装电气设备不应连通设置。预制构件设计应考虑内装要求，确定插座、灯具位置以及网络接口、电话接口、有线电视接口等位置。确定线路设置位置与垫层、墙体以及分段连接的配置，在预制墙体内、叠合板内暗敷设时，应采用线管保护。在预制墙体上设置的电气开关、插座、接线盒、连接管线等均应进行预留预埋。在预制外墙板、内墙板的门窗过梁及锚固区内不应埋设设备管线。

4.1.4 装配式内装修设计协同

装配式建筑的内装修设计应遵循建筑、装修、部品一体化的设计原则，部品体系应满足国家相应标准要求，达到安全、经济、节能、环保等各项标准，部品体系应实现集成化的成套供应。

部品和构件宜通过优化参数、公差配合和接口技术等措施，提高部品和构件的互换性和通用性。装配式内装设计应综合考虑不同材料、设备、设施的不同使用年限，装修部品应具有可变性和适用性，便于施工安装、使用维护和维修改造。

装配式内装的材料、设备在与预制构件连接时，宜采用SI住宅体系的支撑体与填充体分离技术进行设计，当条件不具备时宜采用预留预埋的安装方式，不应剔凿预制构件及其现浇节点，否则会影响主体结构的安全性。

4.2　装配式混凝土模块化标准设计体系

住宅标准化、模块化设计研究的目标是通过研究成果系统地解决目前住宅建设中存在的设计欠合理、建造质量偏低、工期长、建造方式粗放、能耗大等诸多问题，推广应用工业化的建造方式，快速健康地推进住宅产业链的整合与发展。解决这些问题的关键在于对项目的全过程进行标准化设计，促使产品标准化与规范化。标准化就是建立一个行业产品的基准平台，主要包含两个层面：一是标准化的操作模式，包括技术标准与模块设计；二是标准化的产品体系。整个标准化体系的研究范围涵盖了从部品部件标准化到整个建筑楼栋标准化的层面，考虑功能、需求、立面、维护、维修等环节。

4.2.1　装配式混凝土标准化设计体系

将住宅的设计过程作为一个整体纳入标准化的范畴，建立一套适用住宅的标准化体系，这套设计体系主要包含以下几个方面：① 通过与各个部品厂家合作，搭建一个开放信息平台，应用BIM技术建立可视化信息模型库，将住宅相关部品分类并录入该信息库；② 依据人体工程学原理和精细化设计方法，实现各使用功能空间的标准化设计；③ 通过对本地区居民生活习惯的调研，通过相关政策对户型的面积标准要求，实现功能空间的有机组合形成户型的标准化设计；④ 综合本地气候环境及场地适应性，将标准户型进行多样化的组合，同时应用多种绿色建筑技术，实现节能环保的组合平面及楼栋的标准化设计；⑤ 依据不同性质的住宅配套设施和社区规划，最终形成多样化住宅成套标准化设计体系。

整个过程以模块化设计生产为理论依据，首先通过对市场产品与使用者需求的调研，运用BIM技术建立标准化部品部件库，使得每种部品都附带了编号、名称、型号规格、成本等信息；然后对住宅的各个功能空间模块进行精细化设计，将部品库的家具等模型置入各个单元模块中，通过多样化的组合形成符合使用者实际需求的户型、楼栋乃至整个社区，并融入工业化设计与绿色节能设计的先进技术理念，实现从设计、建造到管理维护全过程的住宅标准化体系的建立。图4-4为卫生间空间模数协调设计。

标准化是装配式建筑发展的基础，其中最核心的环节是建立一整套具有适应性的模数，并使其符合模数协调原则。它可以使建筑部品实现通用性和互换性，遵循模数协调原则，全面实现尺寸的配合，能够保证房屋在建设过程中，在功能、质量、技术和经济等方面获得最优的方案，促进房屋从粗放型手工建造转化为集约型的工业化装配。

标准化设计是从工业化建设的源头出发，结合绿色设计的理念，可以很好地解决建筑的工业化生产、重复性建造和标准化问题的方法体系。利用这种方法体系可以有效避免以往建筑设计过程中设计与使用脱节这一问题，还可以避免设计、施工、维护更新和部件材料回

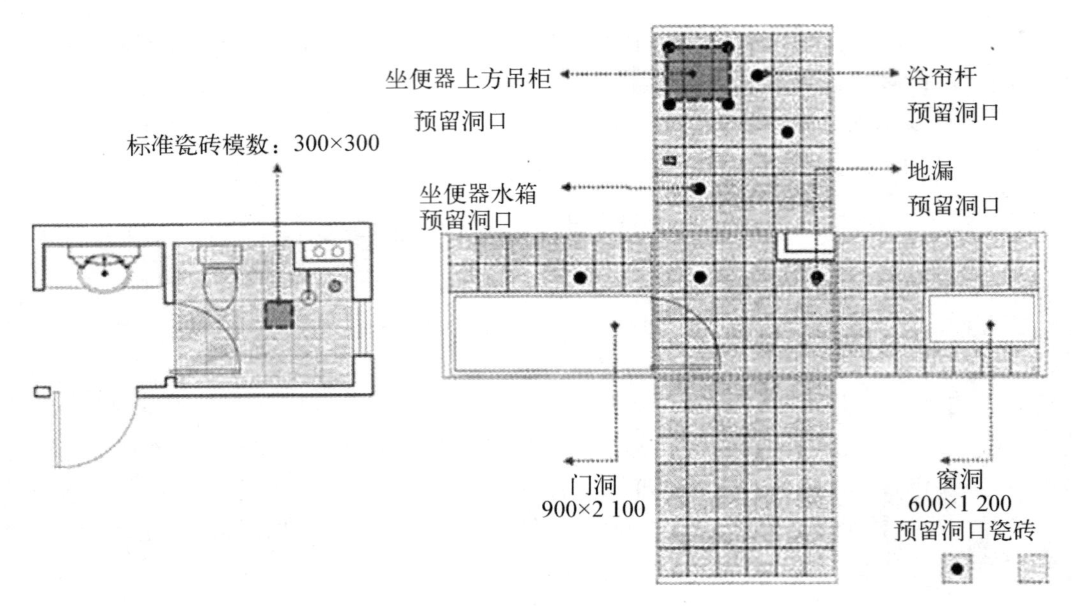

图 4-4　卫生间空间模数协调设计

收整个过程相互脱节、缺乏信息反馈和交流的问题。将标准化模块作为联系用户、设计师和生产厂家的载体,可更好地推动装配式建筑的设计和管理。

4.2.2　装配式混凝土模块化设计体系

住宅的模块化设计旨在按照住宅不同功能的空间模块进行标准化、多样化的组合,对各个功能模块在进深和面宽尺寸上用模数协调把控,进行多样化的组合设计。各功能空间模块是根据设计规范要求、人体尺度及舒适性要求、空间内所需设备的尺寸等综合考虑,选取常用的平面形态及布局形式,再经过优化设计,形成不同面积、不同布置方式的模块。空间模块本身具有空间尺寸、使用功能等属性,但是由于居住者的需求差异性,以及随着家庭结构的变化导致的需求发生变化等,住宅建筑模块应考虑功能布局多样性和模块之间的互换性和相容性。要考虑两种模块之间的模数和其他结合要素能够相互匹配,如装饰装修模块与机电管线模块,它们之间要存在一定的模数关系和构造关系才能很好地结合。

模块化设计内容分三个层次：模块化产品的系统设计、模块化设计层次和空间模块化产品设计。

(1) 第一个层次是模块化产品的系统设计,是进行模块化设计前的准备工作。在整体系统分析基础上对住宅建筑进行整体规划,确定模块化设计的目的和内容。住宅模块化研究目的是将住宅进行系列化与标准化设计,通过对每一级模块进行精细化设计思考,对模块组合进行标准化设计,以适应工业化、系列化建设需求。

(2) 第二个层次是模块化设计层次,包括具体模块的划分。将住宅的空间划分为五级模块,从精细的空间到整个楼栋单元进行模块分级,涵盖了单一使用单元模块、室内每个功能模块、标准组合楼栋的标准层、架空层模块以及结构、机电、装修模块。

(3) 第三个层次是空间模块化产品设计，主要内容是针对具体产品在功能模块空间中进行组合和方案评价。通过对适合人群的功能使用需求及面积要求的研究，形成了多系列户型模块，组合形成多样化的户型单元，户型单元拼接组合设计形成多样组合样式，通过对方案多角度的分析评价，最终筛选出适合该地区的多个标准化住房平面。

1. 单元空间模块

根据深圳市保障性住房建设标准及用户的使用需求调研，对户型单元进行了模块拆分，分别由卧室、书房、客厅、餐厅、厨房、卫生间、阳台等小模块构成，这些空间模块在功能上具有相对独立性，对每一个相对独立的功能空间进行精细化设计，更有利于充分利用户型空间，尽量做到科学合理布局，面积紧凑，功能齐全。每个功能空间模块又可细分为由家具和其使用空间构成的功能单元。

以卫生间模块为例，可依据内部家具使用细分为三个较低级别的功能单元模块，即洗漱单元、如厕单元和淋浴单元，这也是目前市场上最常见的细分方法。客厅、卧室等功能模块则是充分考虑使用者的需求，通过人性化设计，实现多样的最优的功能空间模块，如图4-5所示。

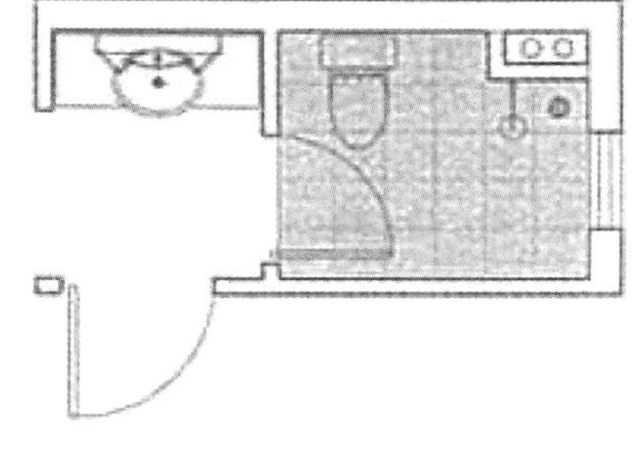

图4-5　卫生间的功能空间模块

2. 户型模块

户型模块是由功能空间单元模块组合形成的，应考虑模块内功能布局的多样性以及模块之间的互换性和通用性。根据试行深圳市保障性住房建设标准及用户的使用需求调研，保障性住房面积分为四类：A类是35 m^2的一居室户型；B类是50 m^2的小两居室户型；C类是65 m^2的两居室户型；D类是80 m^2的三居室户型。A、B类小户型主要是面向人才的公共租赁住房，多提供给单身或夫妇居住；C、D类户型是经济适用住房，可满足一家三口及三世同堂的家庭使用需求，如图4-6所示。以上述面积段为依据，通过对功能空间的不同组合关系，形成三个系列共12个户型模块。考虑到居住者的需求差异以及家庭结构的变化，在住宅的使用过程中，应根据使用者生活模式的变化，对户型进行可变性设计，以满足从新婚夫妇到核心三口之家、从三代居住到老年夫妇居住的生活模式多样化需求。

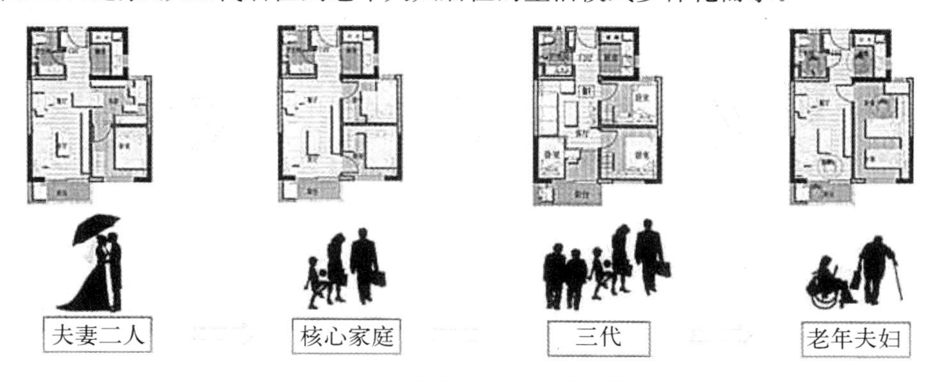

图4-6　全生命周期的可变性设计

3. 组合平面模块

标准的户型模块拥有通用的接口设计，如图 4－7 所示，因此便于形成多样化的组合平面模块，如图 4－8 所示。保障性住房组合平面模块由标准化的户型模块和标准化的核心筒、走廊、花池等模块组成。由两种标准户型和核心筒模块以及外廊构件可以形成一梯五户的标准平面组合模块。由于深圳市土地资源紧张，混合式高密度的开发可以充分提高土地的利用率和住区的活动力，通过对建筑物的体量、高度和外形的把控，可以满足高容积率的要求，并且满足地块的适用性。标准户型模块通过多样化的组合方式可形成多达 50 种组合

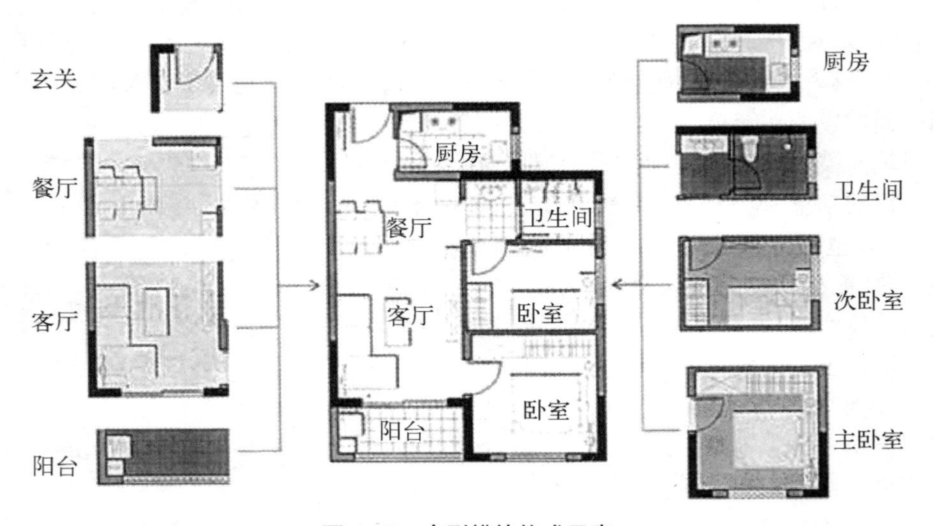

图 4－7　户型模块构成示意

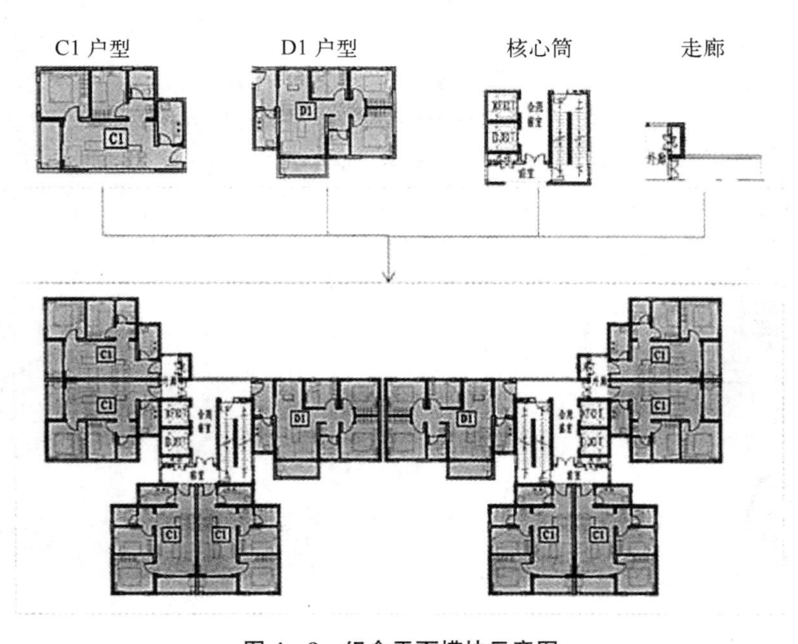

图 4－8　组合平面模块示意图

平面模块，依据通风采光以及各项指标最优的原则，最终筛选出 10 种较为符合产业化推广的组合形式作为深圳市保障性住房的标准平面。

4. 组合立面模块

利用模块化设计的户型组合平面，具有标准化、系列化的特点，但是标准化并不意味着呆板与单一。以组合平面模块为基础，对立面进行多样化的设计，通过色彩变化、部品构件的重组、主题变化形成多种立面风格，打破建筑物呆板的边界轮廓和体量，使其与周围的地形、绿化和水体景观有很好的融合，如图 4－9 所示。

图 4－9　组合立面模块

除了建筑层面的模块化设计，保障性住房设计在结构、机电、装修等方面也需进行标准化的考虑。以户型为模块配置结构平面布置图，结构设计考虑未来户内的可改造性，优化结构墙、柱和梁的布置。形成与建筑模块配套的结构模块化方案，对实现方案阶段专业之间的快速沟通大有裨益。

结合未来户型的可变性，尽量采用大开间的结构布局，对厨房、卫生间等相对固定空间的墙体以及部分分户墙设置剪力墙，户内采用轻质隔墙或灵活的隔断进行空间的划分，增加户型内部空间的适应性。对客厅、餐厅等位置尽可能减少次梁布置,增加空间变化的灵活性。结构布置中,可以通过均匀分布竖向承重构件及水平抗侧力构件,加强外围刚度和结构抗侧抗扭性能。同时尽量减少短肢墙,减少墙体转折等原因产生的边缘构件,使得结构布置简单安全、经济合理。

对于装修设计,可以采用三维建模的方式来实现,直观地将不同的装修套餐呈现给用户,方便用户对方案提出建议和意见。装修模块化设计可以按不同风格、不同档次实现住宅装修的套餐化、菜单式。各系统的模块化设计可以帮助设计师在方案阶段实现快速决策,及时对调整做出判断,通过对成熟户型的模块化设计,可以把各项工程进行及时的统计,实现在设计过程中对成本的及时控制,提升设计的可实施性。

模块化设计是要把整个住宅建筑、室内空间和零部件产品作为整体,从产品设计的角度考虑模块的划分,把模块应用于整个产品生命周期的设计和规划中。住宅建筑室内空间产品相对一些机械产品来说有自己的特点和相对复杂性,所以需要通过研究模块化设计的一般理论方法,建立适合不同类型的住宅标准化、工业化生产的模块化设计方法。以保障性住房模块化设计体系为例,保障性住房模块化设计体系的建立需要从住宅标准化体系出发,通过模块化划分的方法来具体解决住宅建筑产品的标准化设计、工业化生产以及规模化建造。模块作为联系用户、设计师和生产厂家的载体,可以更好地推动工业化住宅的设计和管理。同时,该体系在设计前期对模块进行划分,已经考虑到了各模块的使用年限、维修和更新等问题,可减少后期分模块的维修与更换,体现了绿色建筑的理念。

4.3 主要构件类型

4.3.1 预制柱

预制装配式混凝土框架结构是由预制柱、预制梁、预制板以及其他的一些预制非结构构件组成的。构件与构件之间的连接形式有等效现浇节点形式(如后绕整体式、套筒灌浆等),以及全装配式干节点形式。预制装配式框架结构一般用在如厂房、停车场等开敞大空间的建筑中。

图 4-10 预制柱安装

预制混凝土柱一般分为两种,实体预制柱和空心柱。实体预制柱一般在层高位置预留下钢筋接头,完成定位固定之后,在与梁、板交汇的节点位置使钢筋连通,并依靠混凝土整固成型。

预制柱安装过程中,通过吊装将预制柱调整到指定位置,吊装之前,要对节点插筋进行有效保护,以防止安装柱身翻起使起吊节点受损,通常使用保护钢套,如图4-10和图4-11所示。基座部分预留有钢筋套筒,通过注入混凝土实现连接,完成上下柱之间的力学传递。

空心柱的做法在国内市场很少见到。空心柱是模板与结构同化设计思想的产物，它作为预制柱的构成部分，控制预制柱的形态，同时也是完成后续浇筑连接工作的模具。

图 4 - 11　预制柱存储

图 4 - 12　预制梁

4. 3. 2　预制梁

预制装配式混凝土建筑中，梁是一个关键的连接性结构构件，一般通过节点现浇的方式，与叠合板以及预制柱连接成整体，如图 4 - 12 所示。预制装配式混凝土建筑中，梁通常以叠合梁、空壳梁的形式出现。作为主要横向受力部件，预制梁一般分两步实现装配和完整度。第一次浇筑混凝土在预制工厂内完成，通过模具，将钢筋和混凝土浇筑成型，并预留连接节点；第二次浇筑在施工现场完成，当预制楼板搁置在预制梁之上，再次浇捣梁上部的混凝土，通过这种方式将楼板和梁连接成整体，加强结构系统的整体性，完成浇筑连接之后的结构强度和现浇体系下的结构强度相同。

4. 3. 3　预制墙板

预制混凝土墙板发展至今，大大提升了墙体的施工精度，墙体洞口误差从 50 mm 减小到 5 mm。预制混凝土墙板由于在工厂内完成了浇筑和养护，在施工现场只需要固定安装以及节点现浇，减少现场施工工序，提高了效率。由于现浇过程预留窗洞口，或者已经将窗框整体固定在墙体内，大幅度减少了外窗渗漏的可能性。预制混凝土墙板根据承重类型可分为：预制外挂墙板和预制剪力墙两种形式。

1. 预制外挂墙板

预制外墙板可集外墙装饰面其中外墙装饰面包括（面砖、石材、涂料、装饰混凝土等形式。保温于一体，预制外墙板可分为围护板系统和装饰板系统，主要用作建筑外墙挂板或幕墙，省去了建筑外装修的环节。

预制内墙板有横墙板、纵墙板和隔墙板三种。横墙板与纵墙板均为承重墙板，隔墙板为非承重墙板。内墙板一般采用单一材料（普通混凝土、硅酸盐混凝土或）制成，如图 4 - 13 所示，有实心和空心两种，内墙板应具有隔声与防火的功能。隔墙板主要用于内部的分隔。这种墙板没有承重要求，但应满足建筑功能中隔声、防火、防潮等要求，采用较多的有钢筋混凝

图 4-13　预制内墙板

土薄板、加气混凝土条板、石膏板等。所有的内墙板,为了满足内装修减少现场抹灰湿作业的要求,墙面必须平整。

2. 预制剪力墙

剪力墙又称抗风墙或抗震墙或结构墙,指房屋或构筑物中主要承受风荷载或地震作用引起的水平荷载和竖向荷载(重力)的墙体,防止结构剪切破坏。预制剪力墙即为在工厂或现场预先制作的剪力墙。目前应用较广的预制剪力墙有夹心保温剪力墙、全预制实心剪力墙、双面叠合剪力墙、单面叠合剪力墙四种形式。

(1) 夹心保温剪力墙。夹心保温剪力墙也称为三明治墙,是预制混凝土剪力墙板中最常见的一类。夹心保温剪力墙是可以实现围护与保温一体化的墙体,墙体由内外叶钢筋混凝土板、中间保温层和连接件组成,如图 4-14 和图 4-15 所示。

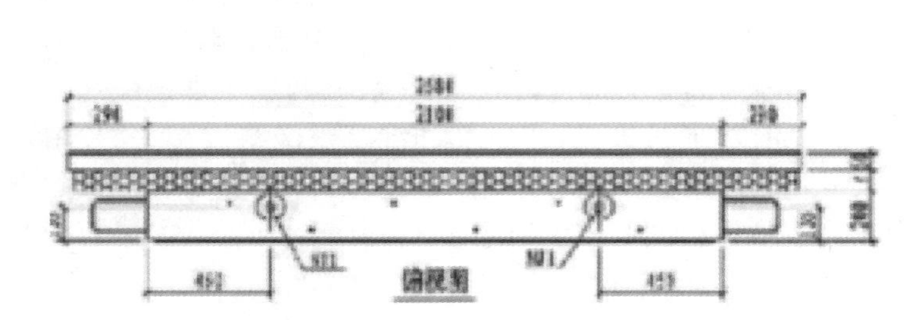

图 4-14　夹心保温墙体截面示意

图 4-15　夹心保温墙体模型示意

内叶墙板,作为结构主受力构件按照力学要求设计和配筋。外叶墙板决定了三明治墙以及建筑外立面的外观,常用彩色混凝土,表面纹路的选择余地也很大。两层之间可使用保温连接件进行连接。由于混凝土的热惰性,内叶混凝土墙板成为一个恒温的蓄能体,中间的保温板成为一个热的绝缘层,延缓热量传过建筑墙板在内外叶之间的传递。

保温材料置于内外两预制混凝土板内,内叶墙、保温层及外叶墙一次成型,无需再做外墙保温,简化了施工步骤。且墙体保温材料置于内外叶混凝土板之间,能有效地防止火灾、外部侵蚀环境等不利因素对保温材料的破坏,抗火性能与耐久性能良好,使保温层达到与结构同寿命,几乎不用维修。

外叶层混凝土面层的装饰作法较多,除了在面层上做干粘石、水刷石和镶贴陶瓷锦砖(马赛克)、面砖外,还可利用混凝土的可塑性,采用不同的衬模,制作出不同纹理、质感和线条的装饰混凝土面。

(2) 全预制实心剪力墙。全预制实心剪力墙通过工厂完全预制的方式完成剪力墙的浇筑,并且在预制浇筑过程中,将用于竖向连接的钢筋套筒构件预埋在预制墙内部,如图 4-16 所示。现场安装时,通过注浆的方式,以实现与梁及楼板的连接。横向留出一定长度钢筋,以备与非承重墙板之间通过现浇节点连接。

图4-16　全预制实心剪力墙

(3) 双面叠合剪力墙。双面叠合墙板由内外叶双层预制板及连接双层预制板的钢筋桁架在工厂制作而成，如图4-17所示。现场安装就位后，在内外叶预制板中间空腔浇筑混凝土，形成整体结构共同参与结构受力。双面叠合墙板与暗柱等边缘构件通过现浇连接，形成预制与后浇之间的整体连接。

双面叠合墙板与现浇混凝土之间通过连接钢筋进行连接，连接钢筋分为水平连接钢筋和竖向连接钢筋，上层墙板与下层墙板之间通过竖向连接钢筋进行连接，墙板与本层现浇混凝土采用水平连接钢筋连接，如图4-18所示。连接钢筋的型号、直径和锚固长度需满足现行国家标准及行业规范的相关要求。

图4-17　双面叠合墙板

(4) 单面叠合剪力墙。将预制混凝土外墙板作为外墙外模板，在外墙内侧绑扎钢筋，支模并浇筑混凝土，预制混凝土外墙板通过粗糙面和钢筋桁架与现浇混凝土结合成整体，这样的墙体称为单面叠合剪力墙，如图4-19所示。

单面叠合墙板中钢筋桁架应双向配置，如图4-20所示，它的主要作用是连接预制叠合墙板(PCF板)和现浇部分，增强单面叠合剪力墙的整体性，同时保证预制墙板在制作、吊装、运输及现场施工时有足够的强度和刚度，避免损坏、开裂。

图4-18　双面叠合墙板三维模型示意

图 4-19　单面叠合墙板

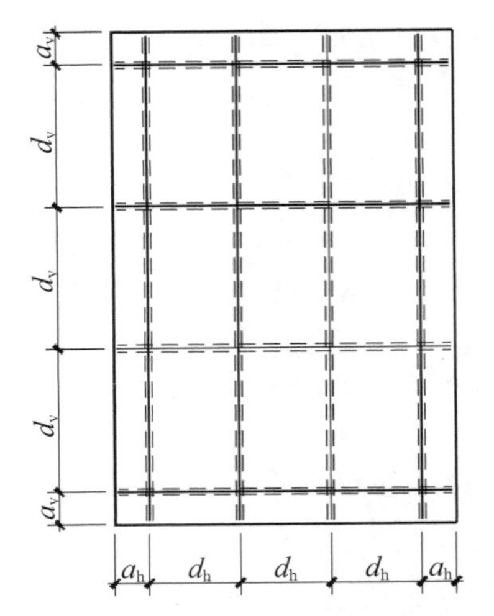

图 4-20　单面叠合墙板钢筋桁架构造

4.3.4　预制楼板

预制楼板是建筑最主要的预制水平结构构件，按照施工方式和结构性能的不同，可分为钢筋桁架模板、叠合楼板、预制预应力双 T 板等。

1. 钢筋桁架模板

钢筋桁架模板，是以桁架的形式处理楼板里面的结构钢筋，最终和钢制底面模板混交在一起，如图 4-21 所示。不同于压型钢板，钢底模不直接承受应力，规避了防火问题。钢筋桁架模板优点明显，因为科学的受力方式，使得整体造价较低，并且减少了现场钢筋绑扎 60%以上的工作量，不需要另外的支承系统，且整体耐火性能优秀。

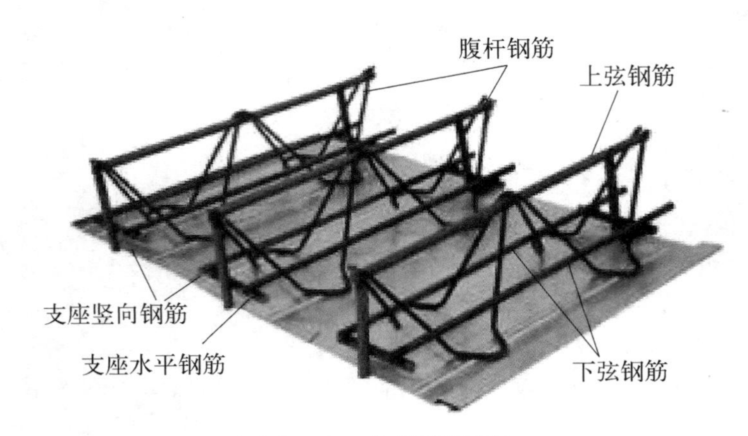

图 4-21　钢筋桁架模板

2. 叠合楼板

叠合楼板是一种模板、结构混合的楼板形式，属于半预制构件。按力学要求预制混凝土层最小厚度为 5～6 cm，实际厚度取决于混凝土量和配筋的多少，最厚可达 7 cm。预制部分

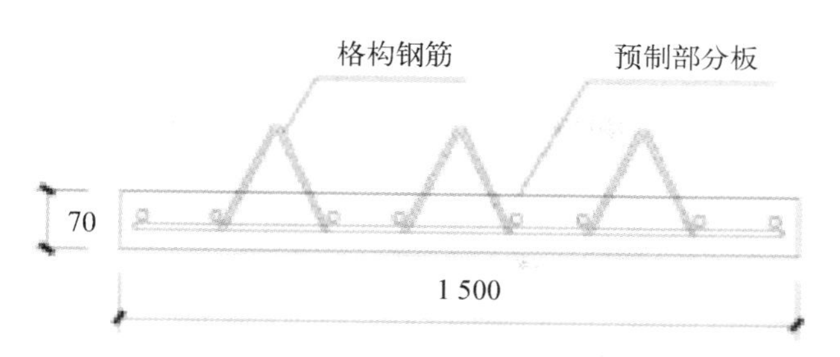

图 4 - 22　叠合楼板截面示意

既是楼板的组成成分，又是现浇混凝土层的天然模板，如图 4 - 22 和图 4 - 23 所示。

叠合楼板在工地安装到位后要进行二次浇注，从而成为整体实心楼板。二次浇注完成的混凝土楼板总厚度为 12～30 cm，实际厚度取决于跨度与荷载。伸出预制混凝土层的桁架钢筋和粗糙的混凝土表面保证了叠合楼板预制部分与现浇部分能有效结合成整体。

叠合楼板整体性好，板的上下表面平整，便于饰面层装修，适用于对整体刚度要求较高的高层建筑和大开间建筑。叠合楼板跨度一般为 4～6 m，最大跨度可达 9 m。

AR 装配式

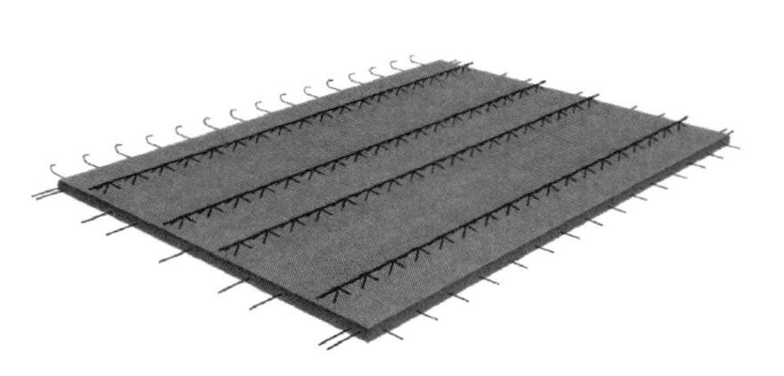

图 4 - 23　叠合楼板的 AR 模型

图 4 - 24　预制预应力双 T 板

3. 预制预应力双 T 板

预制预应力双 T 板是由宽大的面板和两根窄而高的肋组成，如图 4 - 24 所示。双 T 板受压区截面较大，中和轴接近或进入面板，受拉钢筋有较大的力臂，所以双 T 板具有良好的结构力学性能、明确的传力路径、简洁的几何形状，是一种可制成大跨度、大覆盖面积的比较经济的承载构件。在单层、多层和高层建筑中，双 T 板可以直接搁置在框架、梁或承重墙上，作为楼层或屋盖结构。预应力双 T 板跨度可达 20 m 以上，如用高强轻质混凝土则跨度可达 30 m 以上。双 T 板多用 C50 混凝土预制，预应力钢筋可用高强钢丝、钢绞线、低碳冷拔钢丝以及螺纹钢筋。

4. 空心楼板

空心楼板通常作为标准构件流通于建筑市场，标准厚度为 20 cm、24 cm，设计和生产时必须严格按照力学要求相应配筋，如图 4 - 25 和图 4 - 26 所示。空心楼板一般比实心楼板轻 35%，节约材料的优势很明显。

空心楼板安装时不需要任何支撑，表面也不需要现浇混凝土，故施工没有湿作业。快速的安装不仅缩短了施工时间，也节约了成本。底层光滑的表面在装配到位、节点勾缝完之后无需再次找平，涂一层涂料即可，节约了后续装修的成本。

图 4-25 空心楼板运输

图 4-26 空心楼板施工

4.3.5 预制楼梯

楼梯是建筑垂直交通的主要形式，仅有功能性要求的混凝土楼梯形式单一，传统现浇施工工艺中，通常用模板支模现浇的方式建造，这种方式需要重复支模、浇筑、拆模，是一种低效无用的重复。楼梯可用几个参数完成描述，易进行预制生产，如图 4-27 所示。

图 4-27 预制楼梯板

预制混凝土楼梯构件有大型、中型和小型三种。大型的预制混凝土楼梯是把整个梯段和平台预制成一个构件；中型的预制混凝土楼梯是把梯段和平台各预制成一个构件，采用较广；小型的预制混凝土楼梯是将楼梯的斜梁、踏步、平台梁和板预制成各个小构件，用焊、锚、栓、销等方法连接成整体。

预制混凝土楼梯与主体承力系统的连接方式一般有四种：支座连接、牛腿连接、钢筋连接和预埋件连接。

(1) 支座连接就是预制混凝土楼梯直接搭接在其承载构件上，承载构件起到支座作用。一般又分为牢固连接、轻型连接和非固定连接，其中非固定连接可使楼梯在地震状态下产生相对位移而不损坏。

(2) 牛腿连接其实是一种特殊的支座连接，是指楼梯搭接在主体结构延伸出的牛腿之上。牛腿连接因为构造方式的不一样，可区别为明牛腿连接、暗牛腿连接和型钢暗牛腿连接。

(3) 钢筋连接是对承载力要求较高的楼梯采用的方式，预制混凝土楼梯预留外露受力钢筋，采用直接或间接的方式实现钢筋间受力联系。

(4) 预埋件连接是指预制楼梯和主体承力系统通过预制的方式将部件内力传递至预埋受力构件上，再通过栓接、焊接等方式将预埋件连接的方式。

4.3.6 功能性部品

“部品”的名词定义起源于日本，是指构成完整成品的不同组成部分。建筑领域中的部品模块化体系，是模块单元体，为基本工厂化预组装部品，在工厂内制造并组装成型，然后整体运输到建设现场，可如同“拼积木”一般以吊装的方式拼装而成。整个建筑部品体系是住宅产业化发展的重要环节，预制装配式混凝土技术应用之下，各种功能性部品发展迅速，比如万科已经形成了一套相对完整的部品体系。

1. 预制阳台部品

阳台连接了室内外空间，集成了多种功能。传统阳台结构一般为挑梁式、挑板式现浇钢筋混凝土结构，现场施工量大、工期长，随着一体化阳台概念发展，阳台集成了发电、集热等越来越多的功能，预制阳台部品的施工模式将成为主流，如图 4－28 所示。

根据预制程度将预制阳台划分为叠合阳台和全预制阳台。预制生产的方式能够完成阳台所必需的功能属性，并且二维化的预制过程相比较于三维化的现场制作，更能够简单快速地实现阳台的造型艺术，大大降低了现场施工作业的难度，减少了不必要的作业量。

图 4－28　预制阳台部品

2. 预制卫生间部品

整体卫浴的概念源自日本。整体浴室也叫作整体卫浴、整体卫生间。

传统浴室是由泥瓦工进行分散式的装修和装配，地面砖、面砖、天花板、洗手台、洁具、坐便器等分散式采购，然后装配在一起。传统浴室装修前需要对地面进行防水处理，如果防水处理不到位，会出现渗水和漏水现象，而面砖施工和设备安装结合处会留下卫生死角等。

区别于传统浴室，整体浴室是工厂化一次性成型的，小巧，精致，功能俱全，节省卫生间面积，而且免用浴霸，非常干净，有利于清洁卫生，如图 4－29 所示。整体浴室在日本住宅的使用率已经达到 80%。浴室呈现了居住者的生活品质，而浴室的设计也不再是单一的瓷砖加洁具的简单组合。整体卫浴作为实现完美浴室的重要路径，得到了众多消费者的青睐。认为卫浴不登大雅之堂而草率应付的做法，愈加被追求品质生活的人群摒弃，浴室文化所带动的全新生活方式开始蔓延。

图 4－29　预制卫生间部品内部

由于采用工厂预制的方式，整体式卫生间于现场只需采用干法施工，效率极高，可以做到当天安装，当天使用，大大缩短施工周期。

第5章 装配式混凝土建筑构件生产

装配式混凝土预制构件的生产可以说是建筑的工业化，与现浇混凝土结构相比，构件生产的可控制环节增加了，通过合理的生产管理，可以显著提高预制构件的质量。预制构件的生产是装配式建筑实施过程中考验技术创新和设备开发能力最重要的舞台。目前，装配式混凝土结构设计、施工、构件制作和检验的国家、行业技术标准已经实施了，基本满足装配式建筑的实施要求，同时各地也在因地制宜地编制符合本地的地方标准。

5.1 预制构件生产情况

我国混凝土预制构件应用领域广泛、结构形式和种类多样。随着国家建筑产业政策的不断推进，装配式建造技术的日益完善，机械装备水平的不断提高，混凝土技术的不断发展，未来还将会开发出许多新型、高品质、性能各异的混凝土预制构件产品服务于我国装配式建筑的发展。

5.1.1 混凝土预制构件特点与工艺

预制构件厂(场)施工条件稳定，施工程序规范，比现浇构件更易于保证质量；利用流水线能够实现成批工业化生产，节约材料，提高生产效率，降低施工成本；可以提前为工程施工做准备，通过现场吊装，可以缩短施工工期，减少材料消耗，减少作业工人数量，减少建筑垃圾和扬尘污染。

预制构件厂的生产流程，总体来说是对传统现浇施工工艺的标准化，模块化的工业化改造，通过构件拆分成模块化构件，通过蒸汽养护加快混凝土的凝结，通过流水线施工提高生产效率，最终实现质量稳定性较高的预制化产品构件。

5.1.2 混凝土预制构件企业情况

目前，在国家和地方政府的引导下，国内已建成构件生产厂超过200家，近3年建成了100多条自动化生产线，形成了以流水线生产为主，传统固定台座法为辅的生产模式。目前大部分构件厂的预制内外墙、预制叠合楼板已经实现了流水线生产，预制梁柱、预制楼梯、预制阳台等仍以台座法生产为主。

流水生产线是在车间内，根据生产工艺的要求将整个车间划分为几个工段，每个工段皆配备相应的工人和机具设备，构件的成型、养护、脱模等生产过程分别在相应的工段循序完成；固定台座法，台座是表面光滑平整的混凝土地坪、胎模或混凝土槽，也可以是钢结构，构件的成型、养护、脱模等生产过程都在台座上进行，这两种生产方式相互补充。

5.1.3 混凝土预制构件分类情况

根据混凝土预制构件应用领域和部位，可分为建筑构件、公路构件、铁路构件、市政构件和地基构件。除了建筑构件中的新型住宅产业化构件外，各类型构件虽然结构形式、外形尺寸和结构性能变化丰富，但大多属于标准产品，其应用成熟，在我国进行的大规模基础设施和城镇建设中起到了重要作用。

5.1.4 混凝土预制构件产能情况

根据近3年来对全国主要地区预制构件生产厂家的产能和产量等市场情况的调查显示，国内已建成构件生产厂超过200家，混凝土预制构件年设计产能2 000万立方米以上，如按预制率50%算，约供应8 000万平方米建筑面积，每年实际产量约为设计产能的一半，即达1 000万立方米左右。

5.1.5 混凝土预制构件生产技术及设备情况

多年来，传统混凝土预制构件生产在技术设备上变化不大，如后张预应力桥梁构件也只是增加了真空灌浆技术。新型预制构件随着运用领域的拓展和开发进行了技术上的革新、功能上的进步和品质上的提升，并促进了相关设备的研发以满足新型构件生产、运输和安装要求。如体育场馆清水混凝土看台板和公共建筑使用的清水混凝土外墙挂板的生产及应用，均得益于普通混凝土高性能化的技术进步，同时也促进了预制混凝土构件从模具到外观质量修饰全系统各环节工艺质量控制水平的提高。

5.1.6 混凝土预制构件市场情况

我国装配式建筑发展处于初期阶段，混凝土预制构件市场还不成熟。很多构件厂缺乏对市场的认知与判断，盲目建厂、扩大生产规模，而目前装配式建筑发展规模较小，市场需求不足，有些区域混凝土预制构件生产企业生产任务严重不足，面临产能过剩的压力，个别地区工厂处于待产状态，致使工厂亏损甚至倒闭。同时，产能过剩压力导致市场竞争加剧，在个别地区甚至出现恶性竞争带来质量安全隐患和价格低走的恶性循环。

5.2 预制构件生产方式和设施设备

装配式混凝土结构中采用预制的部位、构件的类别及形状因结构、施工方法的不同而各不相同。因此,工程施工方必须选择最适合设计条件或施工条件的构件制造工厂。

预制构件制作工厂应有与装配式预制构件生产规模和生产特点相适应的场地、生产工艺及设备等资源,并优先采用先进、高效的技术与设备。设施与设备操作人员必须进行专业技术培训,熟悉所使用设施设备的性能、结构和技术规范,掌握操作方法、安全技术规程和保养方法。

预制构件制作工厂可分为固定工厂和移动工厂,固定工厂即在某一地点持续进行生产,移动工厂可根据需要设置在施工现场附近,可用大型机械把构件从生产地点或附近的存放地点直接吊装到建筑物的指定位置。

不管采用何种方式,生产预制混凝土构件的工厂必须能够满足设计和施工上的质量要求,并具有相应的生产和质量管理能力。且在进行设施布置时,应做到整体优化、充分利用场地和空间,减少场内材料及构配件的搬运调配,降低物流成本。图 5-1 和图 5-2 分别为固定工厂和移动工厂。

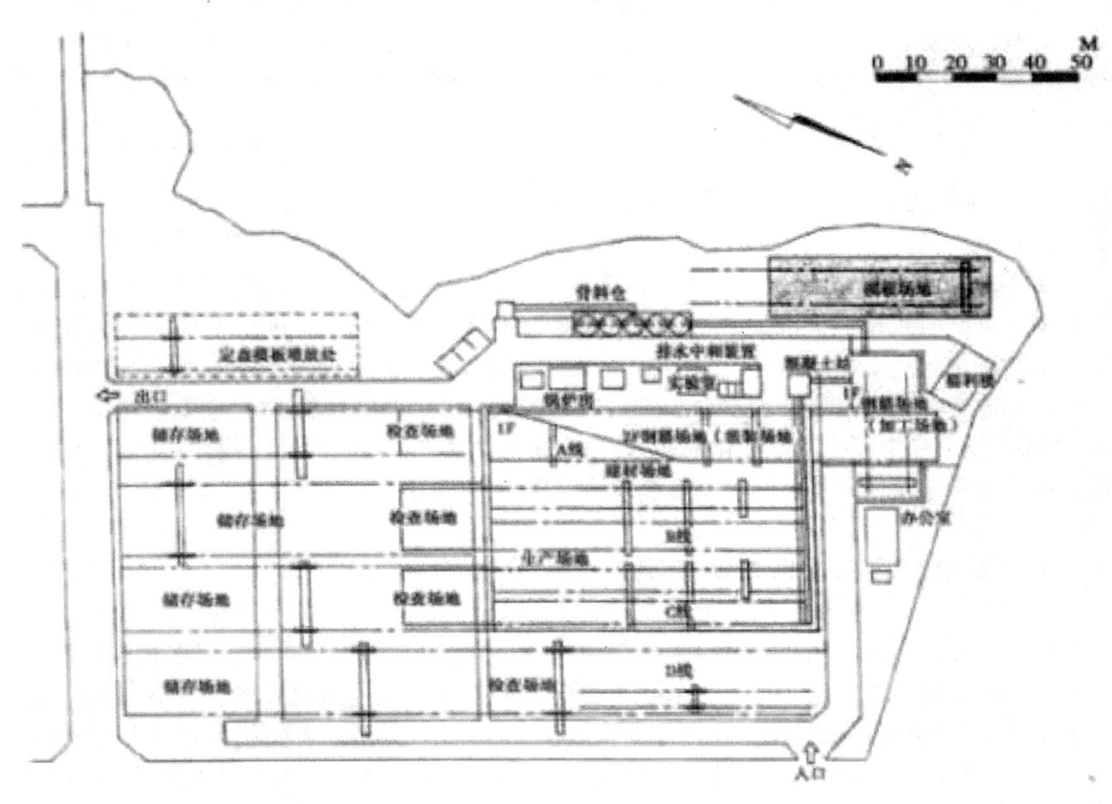

图 5-1 固定工厂

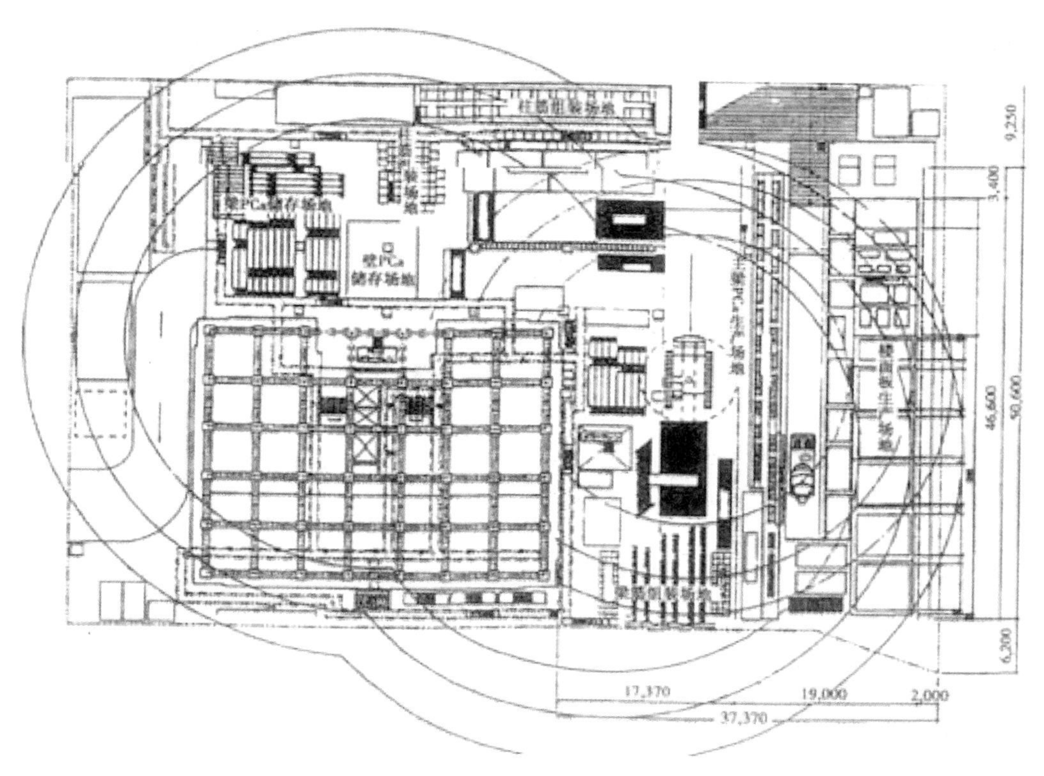

图 5-2　移动工厂

5.2.1　生产设备

现代意义上的工业化混凝土预制构件生产在半个世纪前才得到真正发展。20 世纪 60 年代到 70 年代，随着生活水平的提高，西方发达国家人民对住宅舒适度的要求也不断提高，专业工人的短缺进一步促进了建筑构件的机械化生产，通过借鉴其他工业产品生产线的生产模式，欧洲的一些制造业强国开始采用工业化生产的方式来生产混凝土预制构件，芬兰、德国、意大利、西班牙等国出现了专门生产制造预制构件流水线设备的企业，纷纷用机械替代人工，对于提高构件的质量和生产效率、提高劳动生产率起到了很好的作用。

经过 60 年左右的发展，国外发达国家混凝土预制构件的生产方式由传统的手工支模、布料、刮平，发展到高智能、全自动一体化生产，因此混凝土预制构件装备也较为齐全、先进。作为建筑工业化最早的倡导者的诞生地，德国在装配式建筑发展道路中的关键性作用和杰出表现一直吸引着世人的目光，一批国际领先的专业装备制造公司应运而生。

与国外相比，我国的预制构件装备制造企业起步较晚，特别是长期以来建筑业施工以现浇为主，预制构件行业一直处于低迷状态，制约了我国建筑预制构件装备业的发展，预制混凝土成套设备的生产企业比较少，近十年国家启动高铁建设促进了这一行业的发展，部分企业开始自主研发，陆续兴起一批装备，着手预制构件成套装备研发和制造。

预制构件生产线按生产内容(构件类型)可分为：外墙板生产线，内墙板生产线，叠合板生产线，预应力叠合板生产线，梁、柱、楼梯、阳台生产线。

预制构件生产线按流水生产类型(模台和作业设备关系)可分为：环形流水生产线，固定生产线(包含长线台座和固定台座)，柔性生产线。

1. 环形流水生产线

环形流水生产线一般采用水平循环流水方式，采用封闭的连续的按节拍生产的工艺流程，可生产外墙板、内墙板和叠合板等板类构件，采用环形流水作业的循环模式，经布料机把混凝土浇筑在模具内、振动台振捣后集中进行养护，使构件强度满足设计强度，再进行拆模处理的生产工艺，拆模后的混凝土预制构件通过成品运输车运输至堆场，而空模台沿输送线自动返回，形成环形流水作业的循环模式。

环形生产线按照混凝土预制构件的生产流程进行布置，生产工艺主要由以下部分构成：清理作业、喷油作业、安装钢筋笼、固定调整边模、预埋件安装、浇筑混凝土、振捣、面层刮平作业(或面层拉毛作业)、预养护、面层抹光作业、码垛、养护、拆模作业、翻转作业等。

典型的混凝土预制构件环形生产线布置如图 5－3 所示，其主要包含以下设备：模台清理机、脱模剂喷涂机、混凝土布料机、振动台、预养护窑、面层赶平机、拉毛装置、抹光机、立体养护窑、翻转机、摆渡车、支撑装置、驱动装置、钢筋运输、构件运输车等。

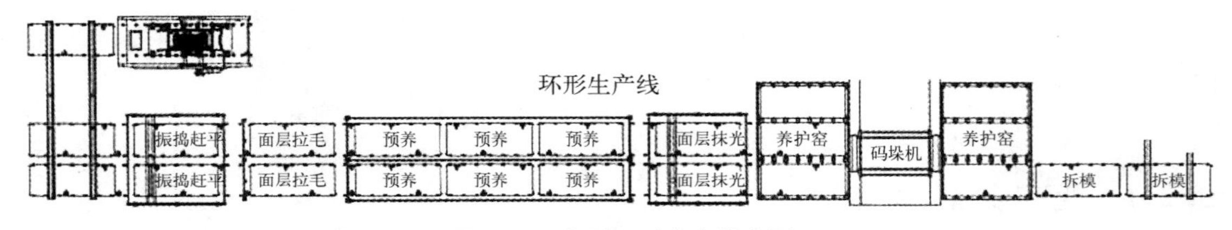

图 5－3　典型环形生产线布置

环形生产线根据生产构件类型的不同，在工位布置上会有一定的变化，但其整体思路不变，都是一种封闭的连续的环形的布置。

2. 固定生产线

固定生产线又可分为长线台座生产线和固定台座生产线，其基本思路均采用模台固定、作业设备移动的生产方式进行布置。长线台座生产线是指所有的生产模台通过机械方式进行连接，形成通长的模台，图 5－4 是一种典型的长线台座生产线布置。固定台座生产线则是指所有的生产模台按一定距离进行布置，每张模台均独立作业。

目前，长线台座生产线主要用于各种预应力楼板的生产，固定台座生产线主要用于生产截面高度超过环形生产线最大允许高度、尺寸过大、工艺复杂、批量较小的不适合循环流水的异型构件。

固定生产线因采用模台固定、作业设备移动的布置方式，无法像环形生产线一样大面积地布置作业设备，故该类型的生产线大多采用作业功能集成的综合一体化作业设备，如移动式布料振捣一体机、移动式面层处理一体机、移动式振平拉毛覆膜一体机、移动式清理喷涂一体机、移动式翻转机等。

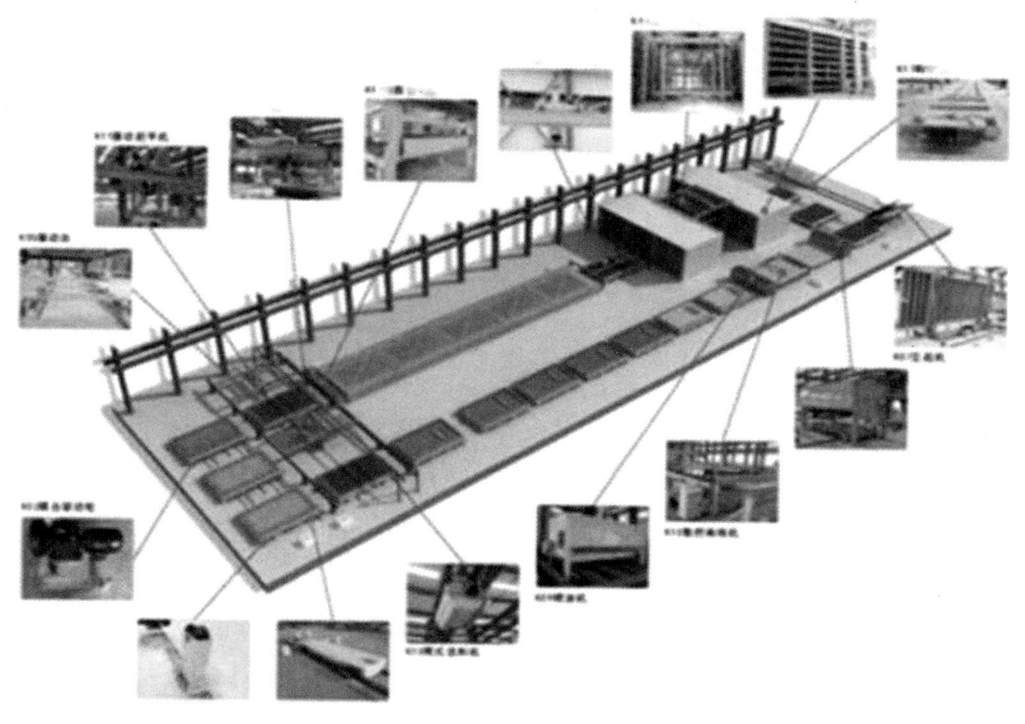

图5-4　典型长线台座生产线布置

3. 柔性生产线

柔性生产线是一种混凝土预制构件生产线，将人工加工工位与设备加工工位区分开来，通过一台中央转运车来转运模台，因此，柔性生产线又叫移动台模生产线，如图5-5所示。其综合了传统环形生产线和固定生产线各自的优势。柔性生产线相对传统的环形生产线，有以下优点：

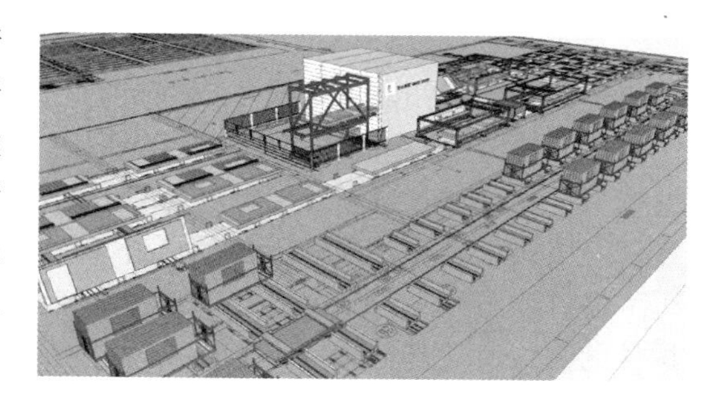

图5-5　移动台模生产线

(1) 在混凝土预制构件的加工工艺中，人工的装边模板，装钢筋，装预埋件，装保温层的工位用时很多，是生产线的瓶颈工位。环线中为了匹配节拍，需要增加人工工作的工位数，这就导致了生产线变长，对于空间长度不够的车间，只能延长节拍，减低产能来应对。

(2) 在环线生产线中，由于模台在规定线路上运行，由于各工位需要时间不同，很容易出现"快等慢"的情况；或者由于其中一个模台出现故障需要暂停，全线都需要等待问题解决后才能继续运行，很容易窝工。移动台模生产线由于存在独立的工位，可以把慢模台或者故障模台转移到独立工位上，不影响其他模台的运行。

(3) 在设备加工的工序中，仍然保留了流水线的特性，环形流水线的优势依然保留。内墙板、外墙板、叠合板均可以生产，调度灵活，可以适应各种生产形势。

移动台模生产线的基本思路是为了不影响流水线的生产节拍，将需人工作业、作业效率较低的某个工序从流水作业中分离出来,设置独立的工作区,该工序完成后可随时加入流水线中,不占用流水线的循环时间,保证整条流水线的生产节拍,需设备作业完成的工序仍保留流水作业的方式,不影响生产效率。

移动台模生产线的独立工作区和整条流水线类似于半成品分厂和总厂的关系,因此可根据场地的实际情况灵活布置,工艺设计的弹性更大,具有多种方式,对生产的构件类型适应性更强。

5.2.2 模具

模具应采用移动式或固定式钢底模,侧模宜采用型钢或铝合金型材,也可根据具体要求采用其他材料。模具设计应遵循用料轻量化、操作简便化、应用模块化的设计原则,并应根据预制构件的质量标准、生产工艺及技术要求、模具周转次数、通用性等相关条件确定模具设计和加工方案。

模板、模具及相关设施应具有足够的承载力、刚度和整体稳固性,并应满足预埋管线、预留孔洞、插筋、吊件、固定件等的定位要求。模具构造应满足钢筋入模、混凝土浇捣、养护和便于脱模等要求,以及便于清理和隔离剂的涂刷。模具堆放场地应平整坚实,并应有排水措施,避免模具变形及锈蚀。

5.3 预制构件制作

预制构件制作前应进行深化设计,深化设计应包括以下内容:预制构件模板图、配筋图、预埋吊件及预埋件的细部构造图等;带饰面砖或饰面板构件的排砖图或排板图;复合保温墙板的连接件布置图及保温板排板图;构件加工图;预制构件脱模、翻转过程中混凝土强度、构件承载力、构件变形以及吊具、预埋吊件的承载力验算等。

设计变更须经原施工图设计单位审核批准后才能实施。构件制作方案应根据各种预制构件的制作特点进行编制。上道工序质量检测和检查结果不合格时,不得进行下道工序的生产。构件生产过程中应对原材料、半成品和成品等进行标识,并应对不合格品的标识、记录、评价、隔离和处置进行规范。

5.3.1 固定台模生产线预制构件制作流程

本书将以预制夹心保温墙体为例,讲解固定台模生产线进行预制构件制作流程,夹心保温墙体制作流程,如图 5-6 所示。

1. 模具拼装

模具除应满足强度、刚度和整体稳固性要求外,还应满足预制构件预留孔、插筋、预埋吊件及其他预埋件的安装定位要求,模具组装如图 5-7 所示。

模具应安装牢固、尺寸准确、拼缝严密、不漏浆。模板组装就位时,首先要保证底模表面

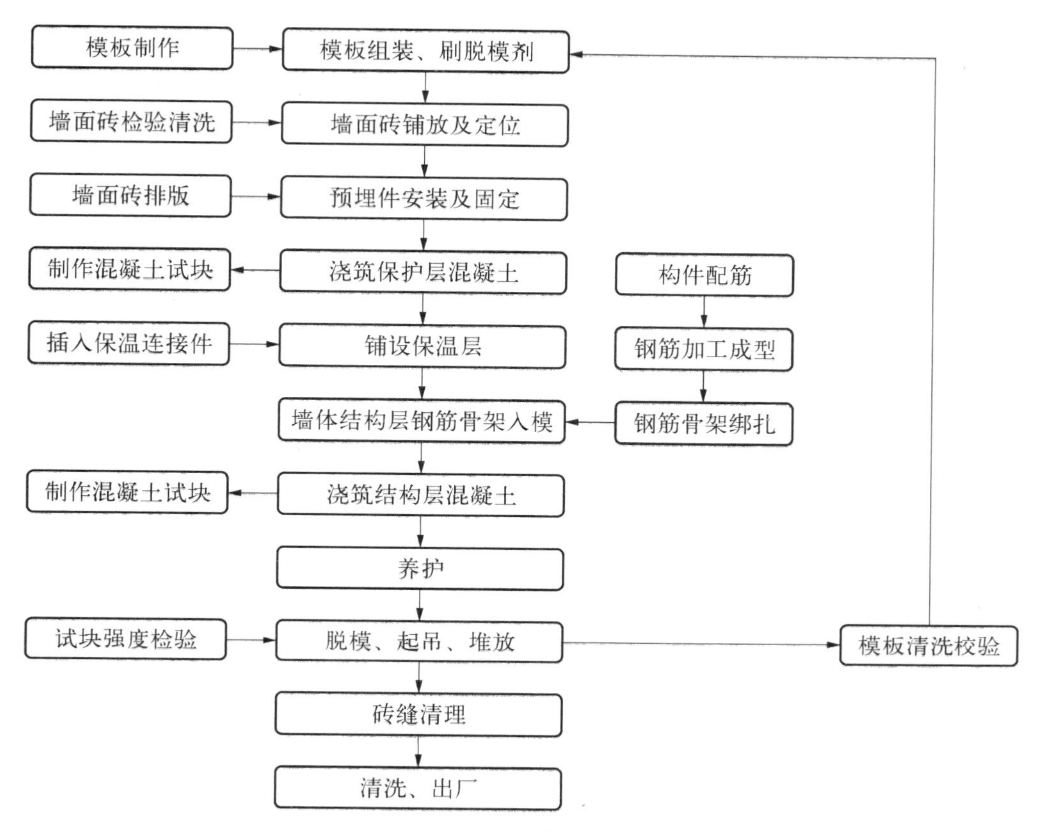

图 5-6　夹心保温墙体制作流程

平整度，以保证构件表面平整度符合规定要求。模板与模板之间，帮板与底模之间的连接螺栓必须齐全、拧紧，模板组装时应注意将销钉敲紧，控制侧模定位精度。模板接缝处用原子灰嵌塞抹平后再用细砂纸打磨。精度必须符合设计要求，设计无要求时应符合表 5-1 的规定，并应经验收合格后再投入使用。

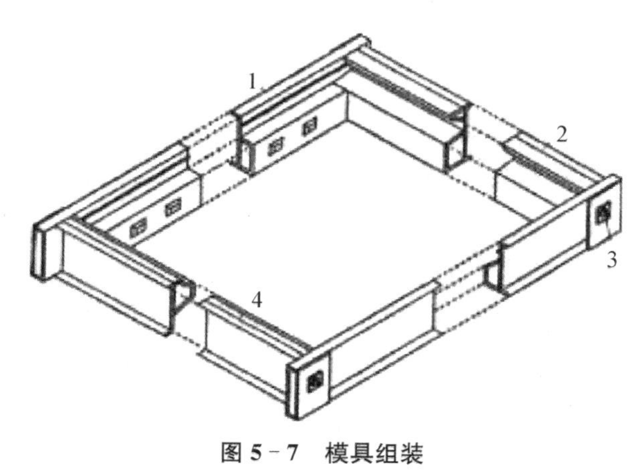

图 5-7　模具组装

1—侧模；2—上端模；3—螺栓固定；4—下端模

模具组装前应将钢模和预埋件定位架等部位彻底清理干净，严禁使用锤子敲打。模具与混凝土接触的表面除饰面材料铺贴范围外，应均匀涂刷脱模剂。脱模剂可采用柴机油混合型，为避免污染墙面砖，模板表面刷一遍脱模剂后再用棉纱均匀擦拭两遍，形成均匀的薄层油膜，见亮不见油，注意尽量避开放置橡胶垫块处，该部位可先用胶带纸遮住。在选择脱模剂时尽量选择隔离效果较好、能确保构件在脱模起吊时不发生黏结损坏现象，能保持板面整洁，易于清理，不影响墙面粉刷质量的脱模剂。

表 5－1　模具拼装允许偏差

测定部位	允许偏差(mm)	检　验　方　法
边长	±2	钢尺四边测量
板厚	±1	钢尺测量,取两边平均值
扭曲	2	四角用两根细线交叉固定,钢尺测中心点高度
翘曲	3	四角固定细线,钢尺测细线到钢模边距离,取最大值
表面凹凸	2	靠尺和塞尺检查
弯曲	2	四角用两根细线交叉固定,钢尺测细线到钢模边距离
对角线误差	2	细线测两根对角线尺寸,取差值
预埋件	±2	钢尺检查

2. 饰面材料铺贴与涂装

面砖在入模铺设前,应先将单块面砖根据构件排砖图的要求分块制成面砖套件。套件的尺寸应根据构件饰面砖的大小、图案、颜色取一个或若干个单元组成,每块套件的长度不宜大于 600 mm,宽度不宜大于 300 mm。

面砖套件应在定型的套件模具中制作。面砖套件的图案、排列、色泽和尺寸应符合设计要求。面砖铺贴时先在底模上弹出面砖缝中线,然后铺设面砖,为保证接缝间隙满足设计要求,根据面砖深化图进行排版。面砖定位后,在砖缝内采用胶条粘贴,保证砖缝满足排版图及设计要求。面砖套件的薄膜粘贴不得有折皱,不应伸出面砖,端头应平齐。嵌缝条和薄膜粘贴后,应采用专用工具沿接缝将嵌缝条压实。

图 5－8　面砖装饰面层铺贴

石材在入模铺设前,应核对石材尺寸,并提前 24h 在石材背面安装锚固拉钩和涂刷防碱处理剂。面砖套件、石材铺贴前应清理模具,并在模具上设置安装控制线,按控制线固定和校正铺贴位置,可采用双面胶带或硅胶按预制加工图分类编号铺贴。面砖装饰面层铺贴如图 5－8 所示。

石材和面砖等饰面材料与混凝土的连接应牢固。石材等饰面材料与混凝土之间连接件的结构、数量、位置和防腐处理应符合设计要求。满粘法施工的石材和面砖等饰面材料与混凝土之间应无空鼓。

石材和面砖等饰面材料铺设后表面应平整,接缝应顺直,接缝的宽度和深度应符合设计要求。面砖、石材需要更换时,应采用专用修补材料,对嵌缝进行修整,使墙板嵌缝的外观质量一致。

外墙板面砖、石材粘贴的允许偏差应符合表 5－2 的规定。

表 5-2　外墙板面砖、石材粘贴允许偏差

项　次	项　目	允许偏差(mm)	检　验　方　法
1	表面平整度	2	2 m 靠尺和塞尺检查
2	阳角方正	2	2 m 靠尺检查
3	上口平直	2	拉线，钢直尺检查
4	接缝平直	3	钢直尺和塞尺检查
5	接缝深度	1	
6	接缝宽度	1	钢直尺检查

涂料饰面的构件表面应平整、光滑，棱角、线槽应符合设计要求，大于 1 mm 的气孔应进行填充修补，具体施工情况如图 5-9、图 5-10 所示。

图 5-9　装饰面层施工

图 5-10　装饰面层修补

3. 保温材料铺设

带保温材料的预制构件宜采用平模工艺成型，生产时应先浇筑外叶混凝土层，再安装保温材料和连接件，最后成型内叶混凝土层，如图 5-11 所示。外叶混凝土层可采用平板振动器适当振捣。

铺放加气混凝土保温块时，表面要平整，缝隙要均匀，严禁用碎块填塞。在常温下铺放时，铺前要浇水润湿，低温时铺后要喷水，冬季可干铺。泡沫聚苯乙烯保温条，事先要按设计尺寸裁剪。排放板缝部位的泡沫聚苯乙烯保温条时，入模固定位置要准确，拼缝要严密，操作要有专人负责。

采用立模工艺生产时，应同步浇筑内外叶混凝土层，并采取可靠措施保证内外叶混凝土厚度、保温材料及连接件的位置准确。设置保温材料的过程如图 5-12 所示。

图 5-11 浇筑外叶混凝土层

图 5-12 保温材料铺贴

图 5-13 预埋件安装

4. 预埋件及预埋孔设置

预埋钢结构件、连接用钢材、连接用机械式接头部件和预留孔洞模具的数量、规格、位置、安装方式等应符合设计规定,固定措施可靠。预埋件应固定在模板或支架上,预留孔洞应采用孔洞模具的方式并加以固定。预埋螺栓和铁件应采取固定措施保证其不偏移,对于套筒埋件应注意其定位。预埋件安装如图 5-13 所示。预埋件、预留孔和预留洞的安装位置的偏差应符合表 5-3 的规定。

表 5-3 预埋件和预留孔洞的允许偏差和检验方法

项目		允许偏差(mm)	检验方法
预埋钢板	中心线位置	5	钢尺检查
	安装平整度	2	靠尺和塞尺检查
预埋管、预留孔中心线位置		5	钢尺检查
插筋	中心线位置	5	钢尺检查
	外露长度	±8	钢尺检查
预埋吊环	中心线位	10	钢尺检查

5. 门窗框设置

门窗框在构件制作、驳运、堆放、安装过程中,应进行包裹或遮挡。预制构件的门窗框应在浇筑混凝土前预先放置于模具中,位置应符合设计要求,并应在模具上设置限位框或限位件进行可靠固定。门窗框的品种、规格、尺寸、相关物理性能和开启方向、型材壁厚和连接方式等应符合设计要求。安装后的窗框如图 5-14 所示。门窗框安装位置应逐件检验,允许偏差应符合表5-4的规定。

表5-4　门框和窗框安装允许偏差和检验方法

项　　目		允许偏差(mm)	检验方法
锚固脚片	中心线位置	5	钢尺检查
外露长度		+5,0	钢尺检查
门窗框位置		±1.5	钢尺检查
门窗框高、宽		±1.5	钢尺检查
门窗框对角线		±1.5	钢尺检查
门窗框的平整度		1.5	靠尺检查

图5-14　安装后的窗框

6. 混凝土浇筑

在混凝土浇筑成型前应进行预制构件的隐蔽工程验收,符合有关标准规定和设计文件要求后方可浇筑混凝土。检查项目应包括下列内容:模具各部位尺寸、定位可靠、拼缝等,饰面材料铺设品种、质量,纵向受力钢筋的品种、规格、数量、位置等,钢筋的连接方式、接头位置、接头数量、接头面积百分率等,箍筋、横向钢筋的品种、规格、数量、间距等,预埋件及门窗框的规格、数量、位置等,灌浆套筒、吊具、插筋及预留孔洞的规格、数量、位置等,钢筋的混凝土保护层厚度。

混凝土放料高度应小于500 mm,并应均匀铺设,如图5-15所示。混凝土成型宜采用插入式振动棒振捣,逐排振捣密实,振动器不应碰触钢筋骨架、面砖和预埋件,如图5-16所示。

图5-15　混凝土放料

图5-16　混凝土振捣

混凝土浇筑应连续进行,同时应观察模具、门窗框、预埋件等的变形和移位,变形与移位超出表5-2、表5-3、表5-4规定的允许偏差时应及时采取补强和纠正措施。面层混凝土采用平板振动器振捣,振捣后即用1∶3水泥砂浆找平,并用木尺杆刮平,待表面收水后再用木抹抹平压实。

配件、埋件、门框和窗框处混凝土应浇捣密实,其外露部分应有防污损措施。混凝土表面应及时用泥板抹平提浆,宜对混凝土表面进行二次抹面。预制构件与后浇混凝土的结合面或叠合面应按设计要求制成粗糙面,粗糙面可采用拉毛或凿毛处理方法,也可采用化学或其他物理处理方法。预制构件混凝土浇筑完毕后应及时养护。

7. 构件养护

预制构件的成型和养护宜在车间内进行,成型后蒸养可在生产模位上或养护窑内进行。预制构件采用自然养护时,应符合现行国家标准GB50666-2011《混凝土结构工程施工规范》、GB50204-2015《混凝土结构工程施工质量验收规范》的规定。

预制构件采用蒸汽养护时,宜采用自动蒸汽养护装置,并保证蒸汽管道通畅,养护区应无积水。蒸汽养护过程分静停、升温、恒温和降温四个阶段,并应符合下列规定:混凝土全部浇捣完毕后静停时间不宜少于2 h,升温速度不得大于15℃/h,恒温时最高温度不宜超过55℃,恒温时间不宜少于3 h,降温速度不宜大于10℃/h。

8. 构件脱模

预制构件停止蒸汽养护后,预制构件表面与环境温度的温差不宜高于20℃。应根据模具结构的特点按照拆模顺序拆除模具,严禁使用振动模具方式拆模。

预制构件脱模起吊,如图5-17所示,应符合下列规定:预制构件的起吊应在构件与模具间的连接部分完全拆除后进行;预制构件脱模时,同条件混凝土立方体抗压强度应根据设计要求或生产条件确定,且不应小于15 N/mm^2;预应力混凝土构件脱模时,同条件混凝土立方体抗压强度不宜小于混凝土强度等级设计值的75%;预制构件吊点设置应满足平稳起吊的要求,宜设置4~6个吊点。

图5-17 构件脱模起吊

图5-18 构件整修

预制构件脱模后,应对预制构件进行整修,如图5-18所示,并应符合下列规定:在构件生产区域旁应设置专门的混凝土构件整修区域,对刚脱模的构件进行清理、质量检查和修补；对于各种类型的混凝土外观缺陷，构件生产单位应制定相应的修补方案，并配有相应的修补材料和工具；预制构件应在修补合格后再驳运至合格品堆放场地。

9. 构件标识

构件应在脱模起吊至整修堆场或平台时进行标识，标识的内容应包括工程名称、产品名称、型号、编号、生产日期，构件待检查、修补合格后再标注合格章及工厂名。

标识应标注于工厂和施工现场堆放、安装时容易辨识的位置，可由构件生产厂和施工单位协商确定。标识的颜色和文字大小、顺序应统一，宜采用喷涂或印章方式制作标识。

5.3.2　自动化流水线预制构件制作流程

本书主要以双面叠合墙板为例，讲解自动化流水线进行预制构件制作的流程。双面叠合墙板制作工艺流程如下所述。

1. 制作工艺流程

制作工艺流程如图 5－19 所示。

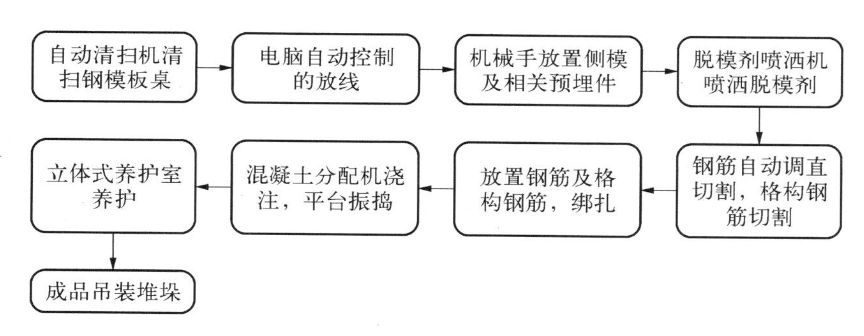

图 5－19　制作工艺流程

2. 流水线介绍

叠合楼板、叠合墙板等板式构件一般采用平整度很好的大平台钢模自动化流水作业的方式来生产，同其他工业产品流水线一样，工人固定岗位固定工序，流水线式的生产构件，人员数量需求少，主要靠机械设备的使用，效率大大提高。其主要流水作业环节为：① 自动清扫机清扫钢模台；② 电脑自动控制的放线；③ 钢平台的上放置侧模及相关预埋件，如线盒、套管等；④ 脱模剂喷洒机喷洒脱模剂；⑤ 钢筋自动调直切割，格构钢筋切割；⑥ 工人操作放置钢筋及格构钢筋，绑扎；⑦ 混凝土分配机浇筑，平台振捣（若为叠合墙板，此处多一道翻转工艺）；⑧ 立体式养护室养护；⑨ 成品吊装堆垛。

3. 主要生产工序

用过的钢模板通过清洁机器，板面上留下的残留物被处理干净，同时由专人检查板面清洁，如图 5－20 所示。

全自动绘图仪收到主控电脑的数据后，在清洁的钢模板上自动绘出预制件的轮廓及预埋件的位置，如图 5－21 所示。

支完模板的钢模板将运行到下一个工位，刷油机在钢模板上均匀地喷洒一层脱模剂，如图 5－22 所示。

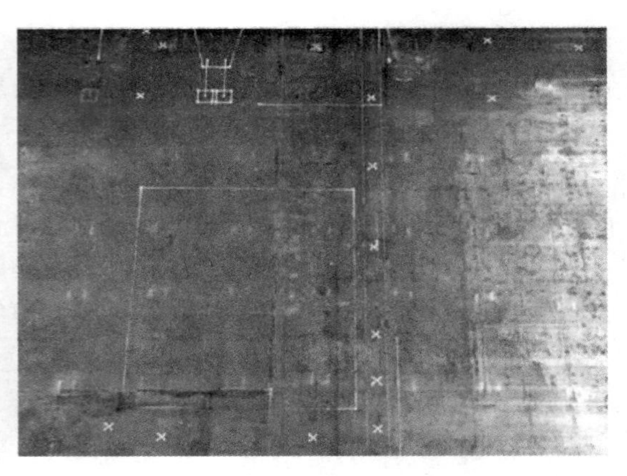

图 5-20　清扫钢模板

图 5-21　自动画线

在喷有脱模剂的钢模板上，按照生产详图放置带有塑料垫块支撑钢筋和所涉及的预埋件，机械手开始支模，如图 5-23 所示。

图 5-22　喷洒脱模剂

图 5-23　机械手支模

图 5-24　钢筋绑扎

钢筋切割机根据计算机生产数据切割钢筋，并按照设计的间距在钢模板上的准确位置摆放纵向受力钢筋、横向受力钢筋及钢筋桁架，如图 5-24 所示。

工人按照生产量清单输入搅拌混凝土的用量指令，混凝土搅拌设备从料场按混凝土等级要求和配比自动以传送带提取定量的水泥、砂、石子及外加剂进行搅拌，并用斗车将搅拌好的混凝土输送到钢模上方的浇筑分配机，如图 5-25 所示。

浇筑斗由人工控制按照用量进行浇筑，浇筑完毕后，启动钢模板下振动器进行振动密实，如图 5-26 所示。

图 5-25　混凝土搅拌站

图 5-26　混凝土浇筑成型

振动密实的混凝土连同钢模板送入养护室，如图 5-27 所示，蒸汽养护 8 h，可达到构件设计强度的 75%。养护完毕的成品预制件被送至厂区堆场，自然养护一天后即可直接送到工地进行吊装。预制构件翻板脱模如图 5-28 所示。

图 5-27　蒸汽养护

图 5-28　翻板脱模

5.4　预制构件的质量检验

预制混凝土结构构件包括构件厂内的单体产品生产和工地现场装配两个大的环节，构件单体的材料、尺寸误差以及装配后的连接质量、尺寸偏差等在很大程度上决定了实际结构能否实现设计意图，因此预制构件质量控制问题非常重要。

1. 外观检验

对预制构件的外观检测，主要检查是否存在露筋、蜂窝、空洞、夹渣、疏松、裂缝及连接、外形缺陷，并根据其对构件结构性能和使用功能的影响程度来划分一般缺陷或严重缺陷，如表 5-5 所示。

表 5-5　构件外观质量

名称	现　　象	严重缺陷	一般缺陷
露筋	构件内钢筋未被混凝土包裹而外露	主筋有露筋	其他钢筋有少量露筋
蜂窝	混凝土表面缺少水泥砂浆面形成石子外露	主筋部位和搁置点位置有蜂窝	其他部位有少量蜂窝
孔洞	混凝土中孔穴深度和长度均超过保护层厚度	构件主要受力部位有孔洞	不应有孔洞
夹渣	混凝土中夹有杂物且深度超过保护层厚度	构件主要受力部位有夹渣	其他部位有少量夹渣
疏松	混凝土中局部不密实	构件主要受力部位有疏松	其他部位有少量疏松
裂缝	缝隙从混凝土表面延伸至混凝土内部	构件主要受力部位有影响结构性能或使用功能的裂缝	其他部位有少量不影响结构性能或使用功能的裂缝
连接部位缺陷	构件连接处混凝土缺陷及连接钢筋、连接件松动、灌浆套筒未保护	连接部位有影响结构传力性能的缺陷	连接部位有基本不影响结构传力性能的缺陷
外形缺陷	内表面缺棱掉角、棱角不直、翘曲不平等	清水混凝土构件有影响使用功能或装饰效果的外形缺陷	其他混凝土构件有不影响使用功能的外形缺陷
	外表面面砖黏结不牢、位置偏差、面砖嵌缝没有达到横平竖直、面砖表面翘曲不平等		
外表缺陷	构件内表面麻面、掉皮、起砂、沾污等,外表面面砖污染、预埋门窗破坏	具有重要装饰效果的清水混凝土构件、门窗框有外表缺陷	其他混凝土构件有不影响使用功能的外表缺陷,门窗框不宜有外表缺陷

2. 尺寸检验

以预制墙板为例,对预制构件的尺寸检测,主要检查是否包括墙体高度、宽度、厚度、对角线差、弯曲、内外表面平整度等。可采用激光测距仪、钢卷尺对于墙板的高、宽、洞口尺寸等进行尺寸测量。预制墙板构件的尺寸允许偏差应符合表 5-6 的规定。

表 5-6　预制墙板构件尺寸允许偏差及检查方法

项　　目		允许偏差(mm)	检查方法
外墙板	高度	±3	钢尺检查
	宽度	±3	钢尺检查
	厚度	±3	钢尺检查
	对角线差	5	钢尺量两个对角线
	弯曲	$L/10$ 且 $L<20$	拉线、钢尺量最大侧向弯曲处
	内表面平整	4	2 m 靠尺和塞尺检查
	外表面平整	3	2 m 靠尺和塞尺检查

注:L 为构件长边的长度。

外观检测质量应经检验合格，且不应有影响结构安全、安装施工和使用要求的缺陷。尺寸允许偏差项目的合格率不应小于80%，允许偏差不得超过最大限值的1.5倍，且不应有影响结构安全、安装施工和使用要求的缺陷。

5.5　预制构件的堆放与运输

5.5.1　构件堆放

预制构件的存放场地应平整、坚实，并设有良好的排水措施。预制构件在堆放时可选择多层平放、堆放架靠放等方式，不论采用何种堆放方式，均应保证最下层预制构件垫实，预埋吊件宜向上，标识宜朝外。成品应按合格区、待修区和不合格区分类堆放，并应进行标识。

1. 全预制外墙板堆放

全预制外墙板宜采用插放或靠放，堆放架应有足够的刚度，并应支垫稳固；构件采用靠放架立放时，应对称靠放，与地面的倾斜角度应大于80°；并应将相邻堆放架连成整体。

连接止水条、高低口、墙体转角等薄弱部位，应采用定型保护垫块或专用式套件作加强保护。重叠堆放构件时，每层构件间的垫木或垫块应在同一垂直线上。堆垛层数应根据构件自身荷载、地坪、垫木或垫块的承载能力及堆垛的稳定性确定。预制构件应按照预埋吊件向上，标志向外码放；垫木或垫块在构件下的位置应与脱模、吊装时的起吊位置一致。

2. 双面叠合墙板堆放

双面叠合墙板可采用多层平放、堆放架靠放和插放，构件也应采用成品保护的原则合理堆放，减少二次搬运的次数。

平放时每跺不宜超过5层，最下层墙板与地面不直接接触，应支垫两根与板宽相同的方木，层与层之间应垫平、垫实，各层垫木应在同一垂直线上。

采用插放或靠放时，堆放架应有足够的刚度，并应支垫稳固；对采用靠放架立放的构件，对称靠放与地面倾斜角度应大于80°；应将相邻堆放架连成整体。墙体转角等薄弱部位，应采用定型保护垫块或专用式套件作加强保护。预制构件的水平堆放如图5-29所示，垂直堆放如图5-30所示。

图5-29　构件水平堆放

图5-30　构件垂直堆放

5.5.2 构件运输

构件运输计划在预制结构施工方法中非常重要，所以要认真考虑搬运路径、使用车型、装车方法等。搬运构件用的卡车或拖车，要根据构件的大小、重量、搬运距离、道路状况等选择适当的车型。

成品运输时，必须使用专用吊具，应使每一根钢丝绳均匀受力。钢丝绳与成品的夹角不得小于45°，确保成品呈平稳状态，轻起慢放。

运输车应有专用垫木，垫木位置应符合图纸要求，如图5-31所示。运输轨道应在水平方向无障碍物，车速应平稳缓慢，不得使成品处于颠簸状态。运输过程中发生成品损伤时，必须退回车间返修，并重新检验。图5-32为构件运输的AR模型。

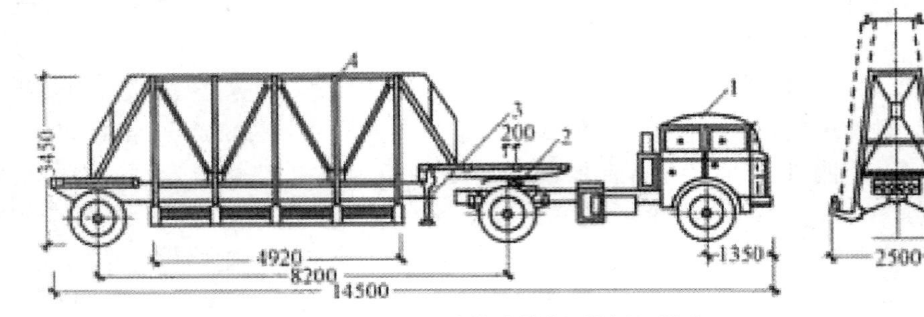

图5-31 外挂式墙板、楼板运输车

1—牵引车；2—支承连接装置；3—支腿；4—车架

AR 装配式

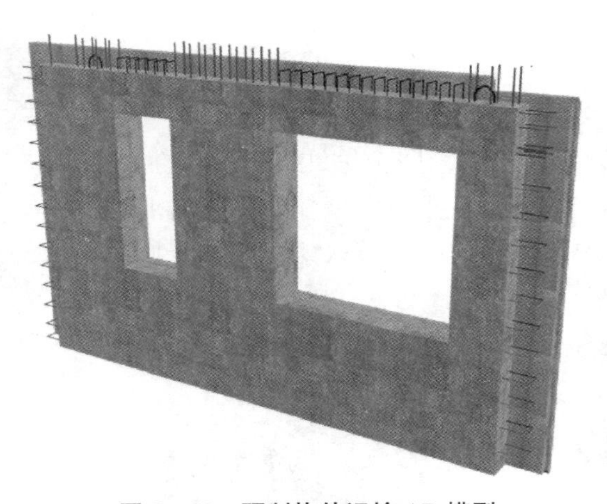

图5-32 预制构件运输AR模型

预制构件的运输车辆应满足构件尺寸和载重的要求，装车运输时应符合下列规定：① 装卸构件时应考虑车体平衡；② 运输时应采取绑扎固定措施，防止构件移动或倾倒；③ 运输竖向薄壁构件时应根据需要设置临时支架；④ 对构件边角部或与紧固装置接触处的混凝土，宜采用垫衬加以保护。

预制构件运输宜选用低平板车，且应有可靠的稳定构件措施。预制构件的运输应在混凝土强度达到设计强度的100%后进行。预制构件采用装箱方式运输时，箱内四周应采用木材、混凝土块作为支撑物，构件接触部位应用柔性垫片填实，支撑牢固。

构件运输应符合下列规定：

(1) 运输道路须平整坚实，并有足够的宽度和转弯半径。

(2) 根据吊装顺序组织运输，配套供应。

(3) 用外挂(靠放)式运输车时，两侧重量应相等，装卸车时，重车架下部要进行支垫，防止倾斜。用插放式运输车采用压紧装置固定墙板时，要使墙板受力均匀，防止断裂。复合保温或形状特殊的墙板宜采用靠放架（见图5-33）、插放架（见图5-34）直立堆放，插放架、靠放架应有足够的强度和刚度，支垫应稳固，并宜采取直立运输方式。装卸外墙板时，所有门窗框必须扣紧，防止碰坏。

图5-33　构件靠放运输

图5-34　构件插放运输

（4）预制叠合楼板、预制阳台板、预制楼梯可采用平放运输，应正确选择支垫位置。

（5）预制构件运输时，不宜高速行驶，应根据路面好坏掌握行车速度，起步、停车要稳。夜间装卸和运输构件时，施工现场要有照明设施。

5.6　预制构件的生产管理

5.6.1　生产质量管理

构件厂生产的预制构件与传统现浇施工相比，具有作业条件好、不受季节和天气影响、作业人员相对稳定、机械化作业降低工人劳动强度等优势，因此构件质量更容易保证。传统现浇施工的构件尺寸误差为5～20 mm，预制构件的误差可以控制在1～5 mm，并且表面观感质量较好，能够节省大量的抹灰找平材料，减少原材料的浪费和工序。预制构件作为一种工厂生产的半成品，质量要求非常高，没有返工的机会，一旦发生质量问题，可能比传统现浇造成的经济损失更大。可以说预制构件生产是“看起来容易，要做好很难”的一个行业，由传统建筑业转行进行预制构件生产领域，在技术、质量、管理等方面需要应对诸多挑战。如果技术先进、管理到位，生产出的预制构件质量好、价格低；而技术落后、管理松散，生产出的预制构件则质量差、价格高，也存在个别预制构件的质量低于现浇方式。

影响预制构件质量的因素很多，总体上来说，要想预制构件质量过硬，首先要端正思想、转变观念，坚决摒弃“低价中标、以包代管”的传统思路，建立起“优质优价、奖优罚劣”的制度和精细化管理的工程总承包模式；其次应该尊重科学和市场规律，彻底改变传统建筑业中落后的管理方式方法,对内、对外都建立起“诚信为本、质量为王”的理念。

1. 人员素质对构件质量的影响

在大力推进装配式建筑的进程中,管理人员、技术人员和产业工人的缺乏成为重要的制约因素,甚至成为装配式建筑推进过程中的瓶颈问题。这个问题不但会影响预制构件的质量,还对生产效率、构件成本等方面产生了较大的影响。

预制构件厂属于“实业型”企业,需要有大额的固定资产投资,为了满足生产要求,需要大量的场地、厂房和工艺设备投入,硬件条件要求远高于传统现浇施工方式。同时还要拥有相对稳定的熟练产业工人队伍,各工序和操作环节之间相互配合才能达成默契,减少各种错漏碰缺的发生,以保证生产的连续性和质量的稳定性,只有经过人才和技术的沉淀,才能不断提升预制构件质量和经济效益。

产品质量是技术不断积累的结果,质量一流的预制构件厂,一定是拥有一流的技术和管理人才。从系统性角度进行分析,为了保证预制构件的质量稳定,首当其冲的是人才队伍的相对稳定。

2. 生产装备和材料对预制构件质量的影响

预制构件作为组成建筑的主要半成品,质量和精度要求远高于传统现浇施工,高精度的构件质量需要优良的模具和设备来制造,同时需要质量优良的原材料和各种特殊配件,这是保证构件质量的前提条件。离开这些条件,即使是再有经验的技术和管理人员以及一线工人,也难以生产出优质的构件,甚至会出现产品达不到质量标准的情况。从目前多数预制构件厂的建设过程来看,无论是设备、模具还是材料的采购,低价中标仍是主要的中标条件,逼迫供应商压价竞争还是普遍现象,在这种情况下,难以买到好的材料和产品,也很难做出高品质的预制构件。

模具的好坏影响着构件质量,判断预制构件模具好坏的标准包括:精度好、刚度大、重量轻、方便拆装,以及售后服务好。但在实际采购过程中,往往考虑成本因素,采用最低价中标,用最差最笨重的模具与设计合理、质量优良的模具进行价格比较,最终选用廉价的模具,造成生产效率低、构件质量差等一系列问题,同时还存在拖欠供应商的货款导致服务跟不上等问题。

“原材料质量决定构件质量”的道理很浅显,原材料不合格肯定会造成产品质量缺陷,但在原材料采购环节,有一些企业缺乏经验,简单地进行价格比较,不能有效把控质量。一些承重和受力的配件如果存在质量缺陷,将有可能导致在起吊运输环节产生安全问题;砂石原材料质量差,出问题后代价会很大;这些问题的出现并不是签订一个严格的合同条款,把责任简单地转嫁给供应商就可以解决,其问题的源头就是采购方追求低价,是“以包代管”思想作祟的结果。

3. 技术和管理对预制构件质量的影响

在预制构件的生产过程中,与传统现浇施工相比,需要掌握新技术、新材料、新产品、新工艺,进行生产工艺研究,并对工人进行必要的培训,还需协调外部力量参与生产质量管理,可以聘请外部专家和邀请供应商技术人员讲解相关知识,提高技术认识。

预制构件作为装配式建筑的半成品,一旦存在无法修复的质量缺陷,基本上没有返工的机会,构件的质量好坏对于后续的安装施工影响很大,构件质量不合格会产生连锁反应,因此生产管理也显得尤为重要。

生产管理可采取以下措施：

(1) 应建立起质量管理制度，如ISO9000系列的认证、企业的质量管理标准等，并严格落实到位、监督执行。在具体操作过程中，针对不同的订单产品，应根据构件生产特点制定相应的质量控制要点，明确每个操作岗位的质量检查程序、检查方法，并对工序之间的交接进行质量检查，以保证制度的合理性和可操作性。

(2) 应指定专门的质量检查员，根据质量管理制度进行落实和监督，以防止质量管理流于形式，重点对原材料质量和性能、混凝土配合比、模具组合精度、钢筋及埋件位置、养护温度和时间、脱模强度等内容进行监督把控，检查各项质量检查记录。

(3) 应对所有的技术人员、管理人员、操作工人进行质量管理培训，明确每个岗位的质量责任，在生产过程中严格执行工序之间的交接检查，由下道工序对上道工序的质量进行检查验收，形成全员参与质量管理的氛围。

要做好预制构件的质量管理，并不是简单地靠个别质检员的检查，而是要将“品质为王”的质量意识植入到每一个员工的心里，让每一个人主动地按照技术和质量标准做好每一项工作，可以说好的构件质量是“做”出来的，而不是“管”出来的，是大家共同努力的结果。

4. 工艺方法对预制构件质量的影响

制作预制构件的工艺方法有很多，同样的预制构件，在不同的预制构件厂可能会采用不同的生产制作方法，不同的工艺可能导致不同的质量水平，生产效率也大相径庭。

以预制外墙为例，多数预制构件厂是采用卧式反打生产工艺，也就是室外的一侧贴着模板，室内一侧采用靠人工抹平的工艺方法，制作构件外侧平整光滑，但是内侧的预埋件很多就会影响生产效率，例如预埋螺栓、插座盒、套筒灌浆孔等会影响抹面操作，导致观感质量下降；如果采用正打工艺把室内一侧朝下，用磁性固定装置把内侧埋件吸附在模台上，室外一侧基本没有预埋件，抹面找平时就很容易操作，甚至可以采用抹平机，这样做出来的构件内外两侧都会很平整，并且生产效率高。

预制构件厂应该配备专业的工艺工程师，对各种构件的生产方法进行研究和优化，为生产配备相应的设施和工具，简化工序、降低工人的劳动强度。总体来说，越简单的操作质量越有保证，越复杂的技术越难以掌握、质量越难保证。

5.6.2　生产安全管理

预制构件生产企业应建立健全安全生产组织机构、管理制度、设备安全操作规程和岗位操作规范。

从事预制构件生产设备操作的人员应取得相应的岗位证书。特殊工种作业人员必须经安全技术理论和操作技能考核合格，并取得建筑施工特殊作业人员操作资格证书，接受预制构件生产企业规定的上岗培训，并在培训合格后再上岗。预制构件制作厂区操作人员应配备合格劳动防护用品。

预制墙板用保温材料、砂石等材料进场后，应存放在专门场地，保温材料堆放场地应有防火防水措施。易燃、易爆物品应避免接触火种，单独存放在指定场所，并应进行防火、防盗管理。

吊运预制构件时,构件下方严禁站人。施工人员应待吊物降落至离地 1 m 以内再靠近吊物。预制构件应在就位固定后再进行脱钩。用叉车、行车卸载时,非相关人员应与车辆、构件保持安全距离。

特种设备应在检查合格后再投入使用。沉淀池等临空位置应设置明显标志,并应进行围挡。车间应进行分区,并设立安全通道。原材料进出通道、调运路线、流水线运转方向内严禁人员随意走动。

5.6.3 生产环境保护

预制构件生产企业在生产构件时,应严格遵守国家的安全生产法规和环境保护法令,按照操作规程,自觉保护劳动者生命安全,保护自然生态环境,具体做到以下几点:

(1) 在混凝土和构件生产区域采用收尘、除尘装备以及防止扬尘散布的设施。

(2) 通过修补区、道路和堆场除尘等方式系统控制扬尘。

(3) 针对混凝土废浆水、废混凝土和构件的回收利用措施。

(4) 设置废弃物临时置放点,并应指定专人负责废弃物的分类、放置及管理工作。废弃物清运必须由合法的单位进行。有毒有害废弃物应利用密闭容器装存并及时处置。

(5) 生产装备宜选用噪声小的装备,并应在混凝土生产、浇筑过程中采取降低噪声的措施。

第6章 装配式混凝土建筑施工技术

预制装配式混凝土建筑是将工厂生产的预制混凝土构件，运输到现场，经吊装、装配、连接、结合部分现浇而形成的混凝土结构。预制装配式混凝土建筑在工地现场的施工安装核心工作主要包括三部分：构件的安装、连接和预埋以及现浇部分的工作，这三部分工作体现的质量和流程管控要点是预制装配式混凝土结构施工质量保证的关键。

6.1 施工技术发展历程

预制装配式混凝土结构施工安装是装配式建筑建设过程的重要组成部分，并随着建设材料预制方式、施工机械和辅助工具的发展而不断进步。从施工安装的大概念来讲，人类主要经历了三个阶段：人工加简易工具阶段，人工、系统化工具加辅助机械阶段，人工、系统化工具加自动化设备阶段。

第一个阶段在中西方建筑史上都有非常典型的例子：如中国古代的木结构建筑的安装，石头与木结构的混合安装，孔庙前巨型碑林的安装，西方的教堂、石头建筑的安装等。这一时期的主要特征是建筑主要靠人力组织，人工加工后的材料，用现有资源加工出工具，借助自然界的地形地势辅以大量的劳力施工安装而成，那时尚没有大型施工机械。

第二个阶段是伴随着工业革命、机械化进程而发展，这个阶段人类开始使用系统化金属工具，借助大小型机械作业，使得建筑施工安装的效率得到飞速的提升，这个阶段一直延续到今天。我们今天所说的预制装配式混凝土结构的施工安装其实就处于这个阶段。这个阶段按照人工和机械的使用占比可细分为初级、中级和高级阶段。

第三个阶段是自动化技术的引入，即人类应用智能机械、信息化技术于建筑安装工程中。这在目前也属于前沿地带，只是应用于一些特殊工程中，属于未来发展方向。

预制装配式混凝土结构施工安装的发展是人类在已有的建筑施工经验基础上，随着混凝土预制技术的发展而不断进步的。20 世纪初，西方工业国家在钢结构领域积累了大量的施工安装经验，随着预制混凝土构件的发明和出现，一些装配式的施工安装方法也被延伸到混凝土领域，如早期的预制楼梯、楼板和梁的安装。到了“二战”结束，欧洲国家对于战后重建的快速需求，也促进了预制装配式混凝土结构的蓬勃发展，尤其是板式住宅建筑得到了大量的推广，与其相关联的施工安装技术也得到发展。这个时期的特征是各类预制构件采用钢筋环等作为起吊辅助。

真正意义上的工具式发展以及相关起吊连接件的标准化和专业化起源于20世纪80年代,各类预制装配式混凝土结构的元素也开始多样化,其连接形式也进入标准化的时代。这个时期,各类构件的起吊安装都有非常成熟的工法规定,如预制框架结构的梁柱板的吊装和节点连接处理。这个时期开始,相关企业也专门编制起吊件和埋件的相关产品的标准和使用说明。到了今天,西方的预制装配式混凝土结构的施工安装与20世纪80年代相比,在产品和工法上没有太多的变化,新的特征是功能的集成化、更加节能以及信息化技术的引入。

近年来,装配式混凝土结构施工发展取得较好成效:部分龙头企业经过多年研发、探索和实践积累,形成了与装配式建筑相匹配的施工工艺工法。在装配式混凝土结构项目中,主要采取的连接技术有灌浆套筒连接和固定浆锚搭接连接方式。部分施工企业注重装配式建筑施工现场组织管理,生产施工效率、工程质量不断提升。越来越多的企业日益重视对项目经理和施工人员的培训,一些企业探索成立专业的施工队伍,承接装配式建筑项目。在装配式建筑发展过程中,一些施工企业注重延伸产业链条发展壮大,正在由单一施工主体发展成为含有设计、生产、施工等板块的集团型企业。一些企业探索出施工与装修同步实施、穿插施工的生产组织方式实施模式,可有效缩短工期、降低造价。

预制装配式混凝土结构的施工发展虽然取得了一定进展,但是整体还处于各自为营的状态,需要进一步地整合和规范,并通过大量项目实践和积累来形成系统化的施工安装组织模式和操作工法。

6.2 施工准备工作

6.2.1 施工方法选择

装配式结构的安装方法主要有储存吊装法和直接吊装法两种,其特点如表6-1所示。

表6-1 装配式结构常见安装方法对比

名 称	说 明	特 点
储存吊装法	构件从生产场地按型号、数量配套,直接运往施工现场吊装机械工作半径范围内储存,然后进行安装,这是一般常用的方法	(1) 有充分的时间做好安装前的施工准备工作,可以保证墙板安装连续进行 (2) 墙板安装和墙板卸车可分日夜班进行,充分利用机械 (3) 占用场地较多,需用较多的插放(或靠放)架
直接吊装法	又称原车吊装法,将墙板由生产场地按墙板安装顺序配套运往施工现场,从运输工具上直接往建筑物上安装	(1) 可以减少构件的堆放设施,少占用场地 (2) 要有严密的施工组织管理 (3) 需用较多的墙板运输车

6.2.2 吊装机械选择

墙板安装采用的吊装机械主要有塔式起重机和履带式(或轮胎式)起重机,其主要特点如表6-2所示。

表6-2　常用吊装机械

机械类别	示　　意	特　　点
塔式起重机		(1) 起吊高度和工作半径较大 (2) 驾驶室位置较高，司机视野宽广 (3) 转移、安装和拆除较麻烦 (4) 需敷设轨道
履带式(或轮胎式)起重机		(1) 行驶和转移较方便 (2) 起吊高度受到一定限制 (3) 驾驶室位置低，就位、安装不够灵活

6.2.3　施工平面布置

根据工程项目的构件分布图，制定项目的安装方案，并合理选择吊装机械。构件临时堆场应尽可能地设置在吊机的辐射半径内，减少现场的二次搬运，同时构件临时堆场应平整坚实，有排水设施。规划临时堆场及运输道路时，如在车库顶板需对堆放全区域及运输道路进行加固处理。施工场地四周要设置循环道路，一般宽约4～6 m，路面要平整、坚实，两旁要设置排水沟。距建筑物周围3 m范围内为安全禁区，不准堆放任何构件和材料。

墙板堆放区要根据吊装机械行驶路线来确定，一般应布置在吊装机械工作半径范围以内，避免吊装机械空驶和负荷行驶。楼板、屋面板、楼梯、休息平台板、通风道等，一般沿建筑物堆放在墙板的外侧。结构安装阶段需要吊运到楼层的零星构配件、混凝土、砂浆、砖、门窗、炉片、管材等材料的堆放，应视现场具体情况而定，要充分利用建筑物两端空地及吊装机械工作半径范围内的其他空地。这些材料应确定数量，组织吊次，按照楼层材料布置的要求，随每层结构安装逐层吊运到楼层指定地点。

6.2.4　机具准备工作

以装配整体式剪力墙结构为例，其所需机具及设备如表6-3所示。

表6-3　装配整体式剪力墙结构所需机具及设备

序　号	名　称	型　号	单　位	数　量
1	塔吊	60	台	1
2	振动棒	50/30	台	2
3	水准仪	NAL132，NAL232	台	1

(续表)

序　号	名　称	型　号	单　位	数　量
4	铁扁担	GW40-3	套	1
5	工具式组合钢支撑			
6	灌浆泵	JM-GJB5 型	台	2
7	吊　带	5T	台	3
8	铁　链		个	2
9	吊　钩		个	2
10	冲击钻		台	2
11	电动扳手		台	2
12	专用撬棍		个	2
13	镜　子		个	4

6.2.5　劳动组织准备工作

装配式结构吊装阶段的劳动组织如表 6-4 所示。

表 6-4　劳动组织

序　号	工　种	人　数	说　　明
1	吊装工	5	操作预制构件吊装及安装
2	吊车司机	1	操作吊装机械
3	测量人员	1	进行预制构件的定位及放线
4	合　计	7	—

6.2.6　其他准备工作

(1) 组织现场施工人员熟悉、审查图纸,对构件型号、尺寸、埋件位置逐块检查核对,熟悉吊装顺序和各种指挥信号,准备好各种施工记录表格。

(2) 引进坐标桩、水平桩,按设计位置放线,经检验合格签字后挖土、打钎、做基础和浇筑完首层地面混凝土。

(3) 对塔吊行走轨道和墙板构件堆放区等场地进行碾压、铺轨、安装塔吊,并在其周围设置排水沟。

(4) 组织墙板等构件进场,按吊装顺序先存放配套构件,并在吊装前认真检查构件的质量和数量。质量如不符合要求,应及时处理。

6.3　装配整体式剪力墙结构的施工

6.3.1　施工流程

装配整体式剪力墙结构中剪力墙构件采用工厂预制、现场吊装完成，预制构件之间通过现浇混凝土进行连接，竖向钢筋通过钢筋套筒连接、螺栓连接等方式进行可靠连接。其施工流程如图6-1所示。

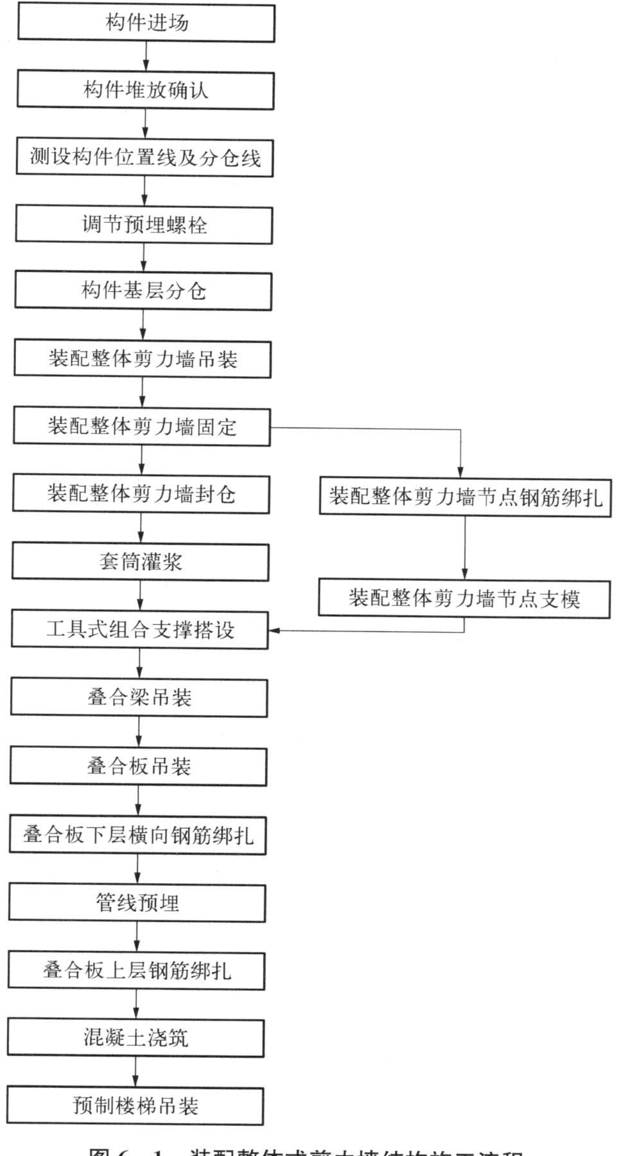

图6-1　装配整体式剪力墙结构施工流程

6.3.2 剪力墙板的安装

AR 装配式

预制剪力墙按以下顺序进行安装：定位放线(弹轮廓线、分仓线)→调整墙竖向钢筋(垂直度、位置、长度)→标高控制(预埋螺栓)→分仓→装配整体式剪力墙吊装→装配整体式剪力墙固定→装配整体式剪力墙封仓→灌浆→检查验收,如图 6-2 所示。

图 6-2 装配式建筑施工过程

1. 定位放线

构件吊装前必须在基层或者相关构件上将各个截面的控制线、分仓线构件编号弹射好,利于提高吊装效率和控制质量,定位放线如图 6-3 所示。

2. 调整墙竖向钢筋

通过固定钢模具对基层插筋进行位置及垂直度确认,如图 6-4 所示。

图 6-3 定位放线

图 6-4 调整墙竖向钢筋

3. 预埋螺栓标高调整

预埋螺栓标高调整需做到以下要点：

(1) 对实心墙板基层初凝时用钢钎做麻面处理，吊装前清理浮灰。

(2) 水准仪对预埋螺母标高进行调节。

(3) 对基层地面平整度进行确认。

4. 预制剪力墙吊装及固定

预制剪力墙起吊下放时应平稳，需在墙体两边放置观察镜，确认下方连接钢筋均准确插入灌浆套筒内，检查预制构件与基层预埋螺栓是否压实无缝隙，如不满足继续调整。

预制墙体垂直度允许误差为 5 mm，在预制墙板上部 2/3 高度处，用斜支撑对预制构件进行固定，斜撑底部与楼面用地脚螺栓锚固，并与楼面的水平夹角不小于 60°，墙体构件用不少于两根斜支撑进行固定。垂直度的细部调整通过两个斜撑上的螺纹套管调整来实现，两边要同时调整。在确保两个墙板斜撑安装牢固后，方可解除吊钩。内墙板吊装如图 6－5 所示。

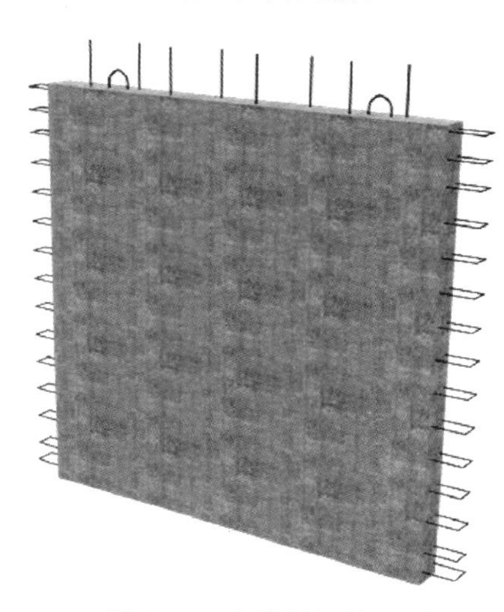

图 6－5　内墙板吊装

5. 预制剪力墙墙体封仓

嵌缝前需对基层与预制墙体接触面用专用吹风机清理，并做润湿处理。选择专用的封仓料和抹子，在缝隙内先压入 PVC 管或泡沫条，填抹大约 1.5～2 cm 深，将缝隙填塞密实后，抽出 PVC 管或泡沫条。填抹完毕后确认封仓强度达到要求(常温 24 小时，约 30 MPa)后再灌浆。

6. 预制剪力墙墙体灌浆

灌浆前逐个检查各接头的灌浆孔和出浆孔，确保孔路畅通及仓体密封检查。灌浆泵接头插入一个灌浆孔后，封堵其余灌浆孔及灌浆泵上的出浆口，待出浆孔连续流出浆体后，灌浆机稳压，立即用专用橡胶塞封堵。至所有排浆孔出浆并封堵牢固后，拔出灌浆泵接头，立刻用专用的橡胶塞封堵。预制外墙施工如图 6－6 所示。

图 6－6　外墙板施工

7. 叠合楼板的安装

叠合楼板按以下顺序进行安装：楼板及梁支撑体系安装→预制叠合楼板吊装→楼板吊装铺设完毕后的检查→附加钢筋及楼板下层横向钢筋安装→水电管线敷设、连接→楼板上层钢筋安装→预制楼板底部拼缝处理→检查验收。

8. 楼板及梁支撑体系安装

楼板的支撑体系必须有足够的强度和刚度，楼板支撑体系的水平高度必须达到精准的要求，以保证楼板浇筑成型后底面平整，如图6－7 所示。楼板支撑体系木工字梁设置方向垂直于叠合楼板内格构梁的方向，梁底边支座不得大于 500 mm，间距不大于 1 200 mm。叠合板与边支座的搭接长度为 10 mm,在楼板边支座附近 200～500 mm 范围内设置一道支撑体系。

图 6-7 楼板支撑体系

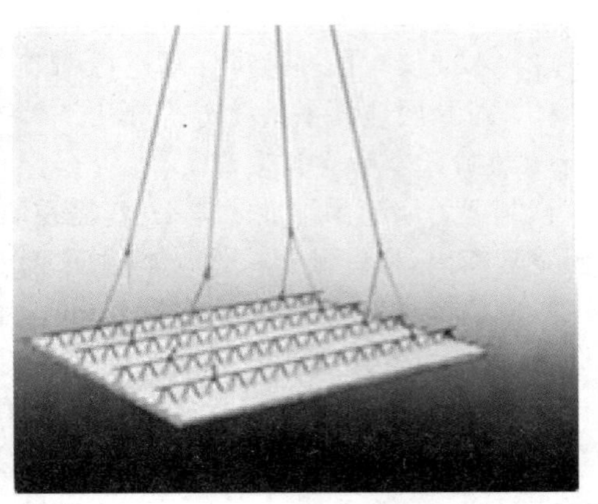
图 6-8 叠合楼板吊装

9. 叠合楼板的吊装

楼板吊装前应将支座基础面及楼板底面清理干净,避免点支撑。吊装时先吊铺边缘窄板,然后按照顺序吊装剩下板块,每块楼板起吊用 4 个吊点,吊点位置为格构梁上弦与腹筋交接处,距离板端为整个板长的 1/4、1/5 之间,如图 6-8 所示。吊装锁链采用专用锁链和 4 个闭合吊钩,平均分担受力,多点均衡起吊,单个锁链长度为 4 m。楼板铺设完毕后,板的下边缘不应该出现高低不平的情况,也不应出现空隙,局部无法调整避免的支座处出现的空隙用做封堵处理,支撑可以做适当调整,使板的底面保持平整、无缝隙。

10. 附加钢筋及楼板下层横向钢筋安装

叠合板连接如图 6-9 所示。预制楼板安装调平后,即可进行附加钢筋及楼板下层横向钢筋的安装。

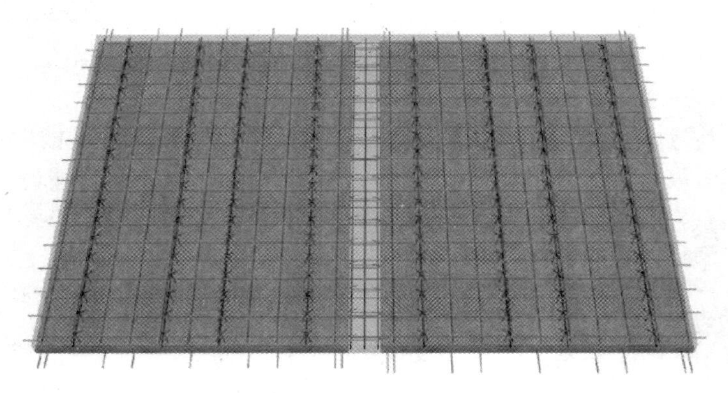
图 6-9 叠合板连接

11. 水电管线敷设及预埋

楼板上层钢筋安装完成后,进行水电管线的敷设与连接工作,为便于施工,叠合板在工厂生产阶段已将相应的线盒及预留洞口等按设计图纸预埋在预制板中,施工过程中各方必须做好成品保护工作，如图 6－10 所示。

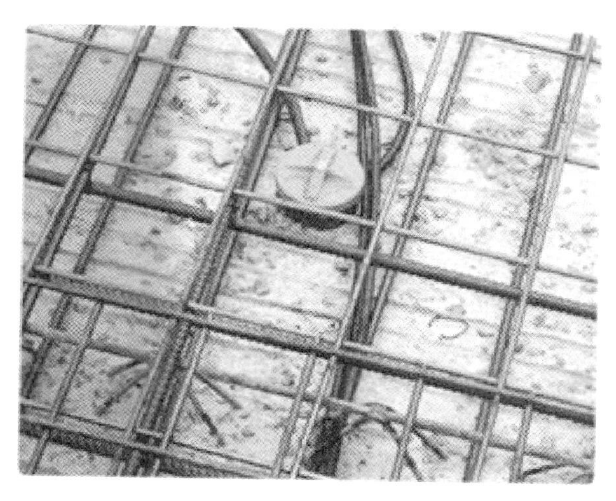

图 6－10　管线预埋

12. 楼板上层钢筋安装

楼板上层钢筋设置在格构梁上弦钢筋上并绑扎固定，以防止偏移和混凝土浇筑时上浮。对已铺设好的钢筋、模板进行保护，禁止在底模上行走或踩踏，禁止随意扳动、切断格构钢筋。

13. 预制楼板底部接缝处理

在墙板和楼板混凝土浇筑之前，应派专人对预制楼板底部拼缝及其与墙板之间的缝隙进行检查，对一些缝隙过大的部位进行支模封堵处理，以免影响混凝土的浇筑质量。

14. 预制楼梯安装流程

预制楼梯按以下顺序进行安装：定位放线（弹构件轮廓线）→支撑架搭设→标高控制→构件吊装→预制楼梯固定，预制楼梯吊装如图 6－11 所示。

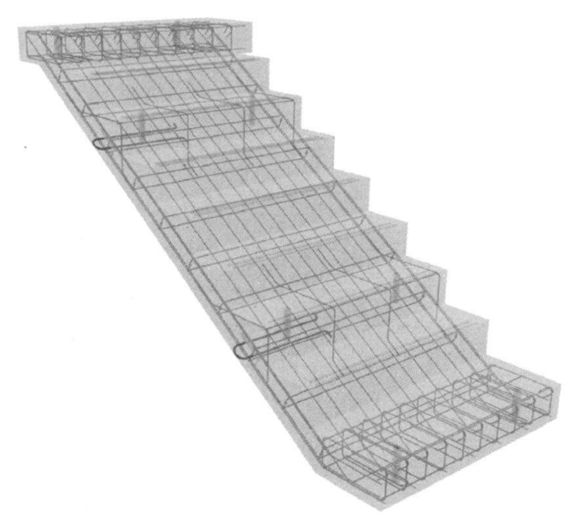

图 6－11　预制楼梯吊装

6.4 双面叠合剪力墙结构的施工

6.4.1 施工流程

双面叠合剪力墙结构的施工流程如图 6-12 所示。

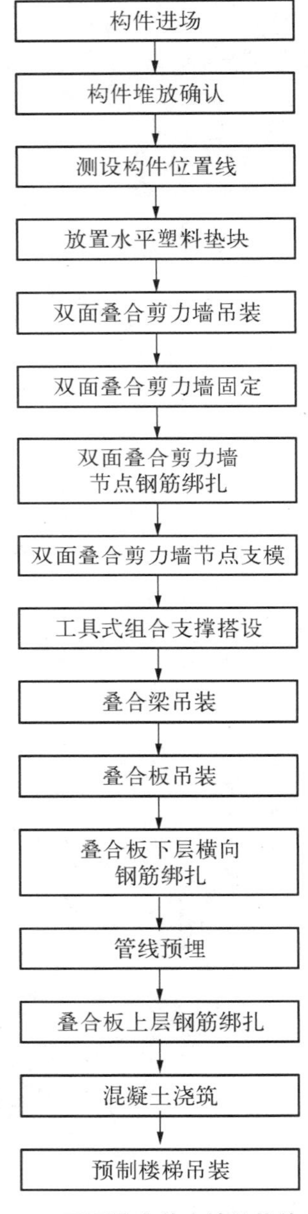

图 6-12 双面叠合剪力墙结构施工流程

6.4.2　叠合墙板的安装

叠合墙板按以下顺序进行安装：测量放线→检查调整墙体竖向预留钢筋→测量放置水平标高控制→墙板吊装就位→安装固定墙板支撑→水电管线连接→墙板拼缝连接→绑扎柱钢筋和附加钢筋→暗柱支模→叠合墙板底部及拼缝处理→检查验收。

1. 测量放线

构件吊装前必须在基层或者相关构件上将各个截面的控制线弹射好，利于提高吊装效率和控制质量，如图 6－13 所示。

图 6－13　测量放线

2. 标高控制

对叠合楼板标高控制时，需先对基层进行杂物清理，再放专用垫块，并用水准仪对垫块标高进行调节，满足相对 5 cm 的高差要求，如图 6－14 所示。

图 6－14　标高调整专用垫块

3. 墙板吊装就位

叠合墙板吊装采用两点起吊，吊钩采用弹簧防开钩，吊点同水平墙夹角不宜小于 60°。叠合墙板下落过程应平稳，在叠合墙板未固定前，不可随意下吊钩。墙板间缝隙控制在 2 cm 内，墙板吊装就位如图 6－15 至图 6－18 所示。

图 6－15　吊钩固定

图 6－16　垂直起吊

图 6-17　对准就位

图 6-18　调整水平线

4. 预制双面叠合墙固定

墙体垂直度调整完毕后,在预制墙板上高度 2/3 处,用斜支撑通过连接对预制构件进行固定,斜撑底部与楼面用地脚螺栓锚固,其与楼面的水平墙夹角为 40°～50°之间,墙体构件用不少于两根斜支撑进行固定,如图 6-19、图 6-20 所示。

图 6-19　调整垂直度

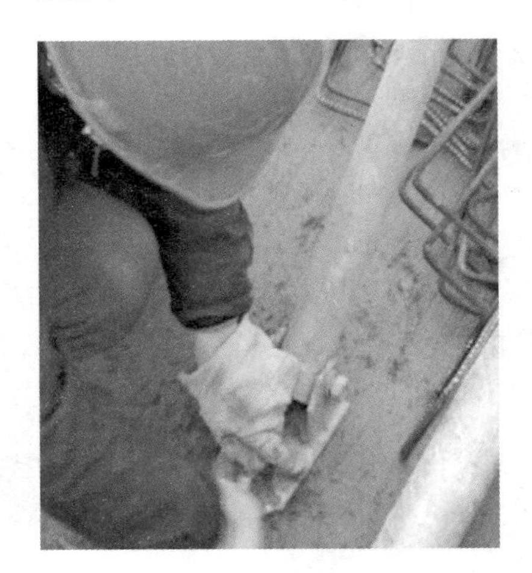

图 6-20　固定支撑

6.5　装配整体式框架结构的施工

6.5.1　施工流程

装配整体式框架结构预制构件一般包含:预制柱、叠合板、叠合梁等主要预制构件,预制构件之间在施工现场通过现浇混凝土进行连接,以保证结构等整体性,整体装配式框架结构的施工流程如图 6-21 所示。

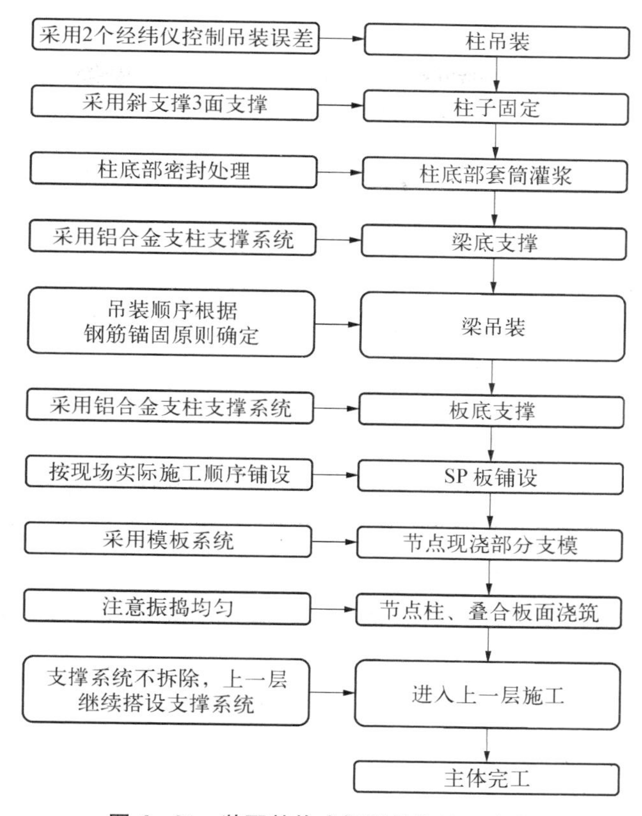

图 6 - 21　装配整体式框架结构施工流程

6.5.2　框架柱的安装

框架柱安装流程如图 6 - 22 所示。

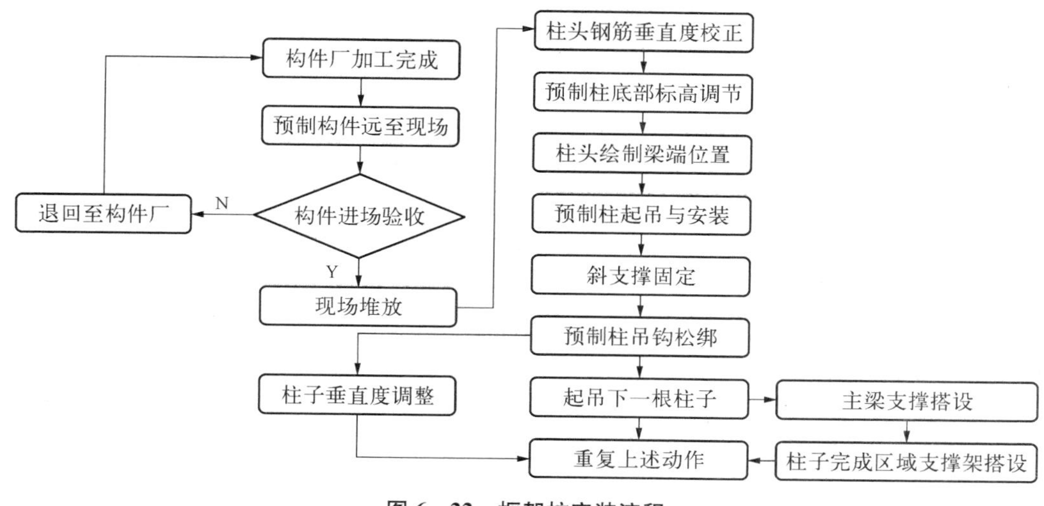

图 6 - 22　框架柱安装流程

1. 测量放线

构件吊装前必须在基层将构件轮廓线弹好，检查预制框架柱底面钢筋位置、规格与数量、几何形状和尺寸是否与定位钢模板一致。测量预制框架柱标高控制件(预埋螺母)，标高满足相对 2 cm 缝隙要求。对预留插筋进行灰浆处理工作或在基层浇筑时用保鲜膜保护，如图 6－23 所示。

图 6－23 测量放线

图 6－24 框架柱吊装

2. 预制框架柱吊装

构件吊装前必须整理吊具及施工用具，对吊具进行安全检查，保证吊装质量和吊装安全。预制框架柱采用一点慢速起吊，在预制框架柱起立的地面处用木方保护。预制框架柱吊装顺序，采用单元吊装模式并沿着长轴线方向进行，如图 6－24 所示。

3. 预制框架柱固定

预制框架柱对位时，停在预留筋上 30～50 mm 处进行细部对位，使预制框架柱的套筒与预留钢筋互相吻合，并满足 2 cm 施工拼缝，调整垂直误差在 2 mm 内，最后采用三面斜支撑将其固定。预制框架柱垂直偏差用两架经纬仪去检查其垂直度。

4. 预制框架柱灌浆

预制框架柱底部 2 cm 缝隙需进行密闭封仓，使用专用的封浆料，填抹 1.5～2 cm 深(确保不堵套筒孔)，一段抹完后抽出内衬进行下一段填抹，如图 6－25 所示。

封仓后 24 h 或达到 30 MPa 强度，使用专用灌浆料，严格按照灌浆料产品工艺说明进行灌浆料制备，环境温度高于 30℃时，对设备机具等润湿降温处理。注浆时按照浆料排出先后顺序，依次进行封堵灌、排浆孔，封堵时灌浆泵(枪)要一直保持压力，直至所有灌、排浆孔出浆并封堵牢固，然后停止灌浆。浆料要在自加水搅拌开始 20～30 min 内灌完。

5. 叠合梁、楼板施工安装工法

叠合梁、楼板施工按以下顺序进行安装：叠合楼板支撑体系安装→叠合主梁吊装→叠合主梁支撑体系安装→叠合次梁吊装→叠合次梁支撑体系安装→叠合楼板吊装→叠合梁、

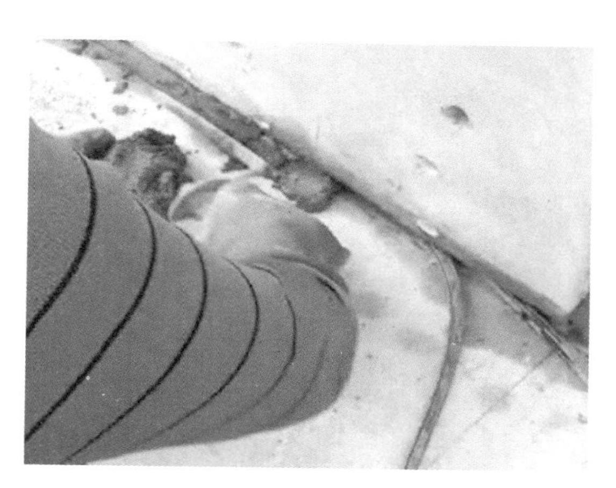

图 6-25　框架柱封仓

楼板吊装铺设完毕后的检查→附加钢筋及楼板下层横向钢筋安装→水电管线敷设、连接→楼板上层钢筋安装→墙板上下层连接钢筋安装→预制洞口支模→预制楼板底部拼缝处理→检查验收，如图 6-26 至图 6-37 所示。

图 6-26　叠合主梁吊装

图 6-27　叠合主梁安装

图 6-28　叠合主梁支撑安装

图 6－29　叠合次梁安装

图 6－30　楼板支撑安装

AR
装配式

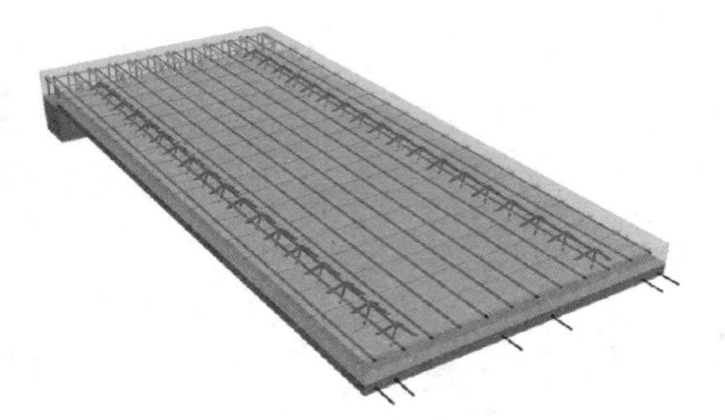

图 6－31　梁板吊装

图 6－32　楼板吊装

图 6－33　固定就位

图 6－34　钢筋及管线铺设

图 6－35　楼层上层钢筋安装

图6-36 墙板上下层钢筋安装

图6-37 预留洞口支模

6.6 装配式建筑铝模的施工

众所周知，装配式建筑注重对环境、资源的保护，其施工过程中现浇节点与铝模的有效结合减少了建筑施工对传统木模板的依赖，降低了建筑施工对周边环境的各种影响，有利于提高建筑的劳动生产率，促进设计建筑的节点标准化，提升建筑的整体质量和节能环保，促进了我国建筑业健康可持续发展，符合国家经济发展的需求。

6.6.1 铝模组成及特点

铝模由面板系统、支撑系统、紧固系统和附件系统组成，如图6-38所示。面板系统采用挤压成型的铝合金型材加工而成，可取代传统的木模板，在装配式建筑施工应用中比木模表面观感质量及平整度更高，可重复利用，节省木材，符合绿色施工理念。配合高强的钢支撑和紧固系统及优质的五金插销等附件，具有轻质、高强、整体稳定性好的特点。其与钢模比重量更轻，材料可人工在上下楼层间传递，施工拆装便捷。因此铝模被广泛地应用于各类装配式结构的现浇节点模板工程。

图6-38 铝膜体系

6.6.2 施工准备

PC结构现浇节点筋绑扎完毕，各专项工程的预埋件已安装完毕，并通过了隐蔽验收；作业面各构件的位置控制线工作已完成，并完成复核；现浇节点底部标高要复核，对高出的部分及时凿除，并调整至设计标高;按装配图检查施工区域的铝模板及配件是否齐全,编号是否完整;墙柱模板板面应清理干净,均匀涂刷水性的模板隔离剂。

6.6.3 铝模的安装

铝模通常按照“先内墙,后外墙”“先非标板,后标准板”的原则进行安装作业,其安装流程如图 6-39 所示。

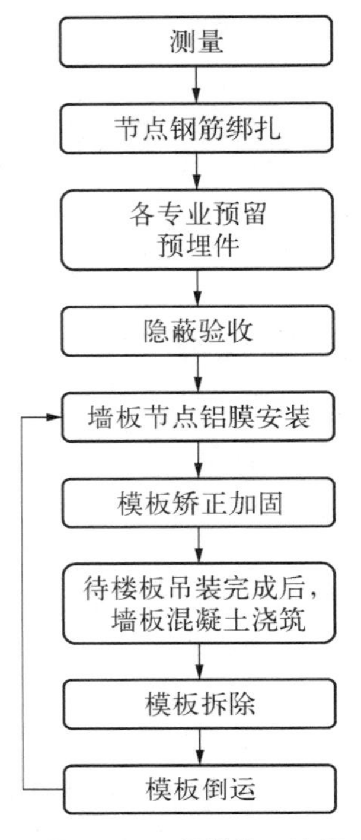

图 6-39 铝模施工流程

1. 墙板节点铝模安装

按编号将所需的模板找出,清理并刷水性模板隔离剂;在铝模与预制梁板重合处加止水条;复核墙底脚的混凝土标高后,将墙板放置在相应位置;再用穿套管对拉,依次用销钉将墙模与踢脚板固定、将墙模与墙模固定,如图 6-40所示。

图 6-40 墙板节点铝模安装

2. 模板校正及固定

模板安装完毕后,对所有的节点铝模墙板进行平整度与垂直度的校核。校核完成后在墙柱模板上加特制的双方钢背楞,并用高强螺栓固定。

3. 混凝土浇筑

校正固定后，检查各个接口缝隙情况。楼层砼浇注时，安排专门的模板工在作业层下进行留守看模，以解决砼浇注时出现的模板下沉、爆模等突发问题。PC 预制结构节点分两次浇筑，因铝模是金属模板，夏天高温时，混凝土浇筑前应在铝模上多浇水，防止因铝模温度过高造成水泥浆快速干化，造成拆模后表面起皮。

为避免混凝土表面出现麻面，在混凝土配比方面进行优化减少气泡的产生，另外在混凝土浇筑时加强作业面混凝土工人的施工监督，避免出现漏振、振捣时间短导致局部气泡未排尽的情况产生。

4. 模板拆除

混凝土的拆模时间要严格控制，并应保证拆模后墙体不掉角、不起皮，必须以同条件试块实验为准，混凝土拆模依据以同条件试块强度为准。拆除时要先均匀撬松，再脱开。拆除时零件应集中堆放，防止散失，拆除的模板要及时清理干净和修整，拆除下来的模板必须按顺序平整地堆放好。模板拆除如图 6 - 41 所示。

图 6 - 41　拆模

第7章 管片生产制作

近年来，随着城市轨道交通的发展和盾构掘进技术的完善与推广，许多城市的地铁建设项目纷纷启动，整体上我国的地铁建设已经进入了高峰阶段。而且，随着盾构技术的推广，在非岩石地段，各城市大都采用了盾构掘进的成洞方式，混凝土管片的预制也随着地铁建设和山体隧道的盾构掘进的热潮进入了高峰期。管片的生产通常采用高强抗渗混凝土，以确保可靠的承载性能和防水性能，生产主要利用成品管片模具在密封浇灌混凝土后即可成型。

7.1 管片生产设备的强制规定

操作人员应体检合格，无妨碍作业的疾病和生理缺陷，并应经过专业培训、考核合格取得建设行政主管部门颁发的操作证或公安部门颁发的机动车驾驶执照后，方可持证上岗。学员应在专人指导下进行工作。

机械必须按照出厂使用说明书规定的技术性能、承载能力和使用条件，正确操作，合理使用，严禁超载、超速作业或任意扩大使用范围。

机械上的各种安全防护及保险装置和各种安全信息装置必须齐全有效。清洁、保养、维修机械或电气装置前，必须切断电源，等机械停稳后再进行操作。严禁带电或采用预约停送电时间的方式进行维修。

7.2 管片生产设备的操作规程

7.2.1 搅拌机设备操作规程

混凝土搅拌设备全部采用微机及控制台集中控制，能连续拌制精度较高的混凝土拌合料，为确保机械的正常运转，混凝土拌合料的质量，做到安全生产，所有相关人员必须遵照执行。

1. 班前工作

（1）上班人员必须向接班人员交代目前正在生产的任务、所有的配方及机械运转状况。

(2) 接班人员应检查上班的运转记录填写是否完整。

(3) 接班必须检查上一班是否做了清洁保养工作，尤其是搅拌机的轴端是否加入了干净润滑油，检查搅拌机内是否干净，搅拌叶片及搅拌机墙板处的螺栓是否有松动现象。

(4) 接班人员在生产前必须做一次整机巡视，检查皮带、运料斜皮带和各料门的开闭情况。

(5) 当整机巡视无问题后，还应把转换开关打至手动位置，进行空载运转，并再次对各设备进行一次检查，确认无问题后，方可进行自动生产。

2. 生产操作规程

(1) 生产前应按如下顺序开机：用钥匙打开操作台面上的电源开关，再合上配电柜上的电源开关，此时可检查操作盘上各指示灯是否正常，确保正常后开启计算机。

(2) 进入程序后，应校对配方表、配比量等每日可变数据，输入配合比时，一定要按照试验室下达的施工配比单上的数据进行输入，在没有接到新的配合比时，要按上一班执行，不得擅自修改。

(3) 计算机有关数据设定好以后，应把"自动/手动"转换开关打在自动位置上。

(4) 发送开机信号，然后启动斜皮带，开启供水水泵和空压机，开始生产。

(5) 生产过程中，操作人员应随时注意骨料仓各门的开启关闭情况、电脑屏显示称量位置情况、各称量斗开闭情况及其他运转部分的运转情况。如发现异常，应把"自动/手动"转换开关打在手动位置上，待故障排除后，手动操作把自动程序未进行的处理掉。

(6) 生产任务结束以后，应退出操作系统，关闭计算机，然后通知搅拌机清洁工，对搅拌机内部、粉灰称量斗与搅拌机连接部位清理等保养工作。

3. 日常保养注意事项

(1) 凡是转动部分的轴承座带油嘴处，按规定时间注一次润滑脂，设备运转中要观察注油泵注油情况，直到轴端有新鲜油脂挤出为止。

(2) 水泥蛟龙的齿轮箱、减速器、电动滚筒、空压机油箱等每周检查一次油面高度，发现少油或油有杂质即可补油或换油。

(3) 空压机每天开机前应先排一次积水。

所有的传感器，每两天用风吹一次积尘。所有电磁气阀应每天检查工作情况及保洁，确保三连件的排水进油良好，并按要求加压缩机油。

4. 紧急停电或掉闸措施

(1) 退出程序，关闭电脑，然后关上 UP 电源，此过程要在 5 min 内完成。

(2) 手动扳开搅拌机卸料门的换向阀，放掉搅拌机内的混凝土，如果放不净，应用清水冲洗，防止混凝土凝固。

(3) 用清水洗干净搅拌机内的剩料，可利用水泵系统冲洗。

7.2.2 螺杆压缩机操作规程

未经批准及允许的人员，不准随意操作空压机，操作者上岗前，必须熟知空压机安装、使用、操作说明书。螺杆压缩机运转中注意事项如下：

(1) 机组运转中应经常注意观察,有异常响声和振动应立即停机。

(2) 在运转中,压力容器和管路均有压力,不可松开管路和管堵,以及打开不必要使用的阀门。

(3) 长期运行中,若发现油位不足,应及时补充,加油应在停机后系统内无压力情况下进行。

(4) 经常观察仪表压力、温度是否处于机组正常的运行范围内。

(5) 工作完毕后,必须切断电源,放尽储气罐及管路内的余气,做好日常清洁保养工作,做好工作记录。平时应保持空压机房内及周围环境的干净整洁。

7.2.3 起重机械挂钩人员操作规程

起重作业时,应在周边设置警戒区域,并有监护措施;警戒区域内不得有人停留、工作或通过。不得用吊车、物料提升机载人。不得使用起重机进行斜拉、斜吊或起吊地下埋设或凝固在地面上的重物以及其他不明重量的物体。起吊重物应绑扎平稳、牢固;易散落物件应使用吊笼吊运。吊索与物件的夹角宜采用 45°～60°,且不得小于 30°。

起重机械使用的钢丝绳,应有钢丝绳制造厂签发的产品技术性能和质量的证明文件。其结构形式、强度等规格应符合起重机使用说明书的要求。起重机的吊钩和吊环严禁补焊。带钩和吊环当出现下列情况时应更换:表面有裂纹、破口;危险断面及钩颈部永久变形;吊钩挂钢丝绳处断面磨损超过高度的 10%;吊钩衬套磨损超过原厚度的 50%;芯轴(销子)磨损超过其直径的 5%。

7.2.4 行车操作工操作规程

行车操作工必须持证操作,必须从专用梯子上、下车。无特殊情况,不得行走轨道、不得从一台行车跨上另一台行车。

开车前应检查和消除轨道上的障碍物,并检查各操作部位是否处于良好。开车前起吊要轻放,不得突然猛起急落。起吊时,先以慢速把钢丝绳拉直,然后再以正常速度吊运。吊运重大物件和超长物件时,应将重物吊到起重机中点,然后慢速行车。降落物体时,不得快速一次放到底,应在距离地面 10～15 cm 时停一下,然后再轻放。地面或支承面应平整稳固,防止放物件时发生倾斜倒塌。

起重机上不得放置其他物件,以防掉落伤人,工具必须放在安全固定的地方。严禁在起重机吊运通道上放置其他物件。起重机吊运时,任何人不得停留在桥架上。

工作完毕后,应把吊钩停留在限位器半米左右高度,桥式行车全部进厂房停靠,龙门行车电动葫芦应停在遮雨处。驾驶室各控制开关关闭、操作手柄处于"0"位,然后拉闸断电。遇大风季节,还要采取防止起重机自行移动的措施。

7.2.5 真空吸盘操作规程

真空吸盘使用定机定人指挥,必须使用 10T 荷载能力的行车,操作者要熟悉机械性能操作规程、安全注意事项及停电应急措施，非操作者严禁使用。

使用前应接通电源，将电源接头放置在规定的地方，并检查开关是否灵敏，各部件是否安全、可靠、正常。密封橡皮是否有破损、变形现象。起吊前必须确定吸盘控制盒调节开关是否与管片类型(D、B、L、F)重量相匹配，以免发生管片坠落。

吊运时做到平稳、安全，不得摇晃过大，当发生停电和机械故障时，立即采取应急措施，使用安全保险带，时间不得超过20 min，防止管片坠落事故发生。行车司机不得独立进行吊运工作，必须听从指挥人员和挂钩工的要求操作，速度应保持在最慢一挡。管片吊运到规定地点后，应做到平稳放下，使吸盘处于搁置状态，排除吸盘内真空，再起吊吸盘进行下次吊运。

吊运结束后，应将真空吸盘放置在规定的托架上，严禁碰撞。真空吸盘除每日进行检查外，还必须每月进行一次检测，确保其安全可靠性。

7.2.6　液压翻身架操作规程

液压翻身架，必须专人负责操作，新使用者必须熟悉其使用性能，操作熟练人员方可上岗操作。管片应平稳、安全慢速吊入骨架，管片应贴近靠模。使用前、使用中应检查液压系统及翻身转动润滑系统和钢结构使用情况，有异常应停止使用。工作完毕后，应做好清扫保洁、保养工作。

7.2.7　CO_2气体保护焊机操作规程

操作者必须持电焊操作证上岗。安装焊丝时，必须确认焊丝与轮的安装与丝径吻合，调整加压螺母，视丝径大小加压。焊接完毕后，应及时关闭电焊源，将CO_2气源总阀关闭，收回焊把线，及时清理现场。定期清理机器上的灰尘，用空压机吹机芯的积尘物，一般为一周一次。焊接过程中尽量节省焊材，提高劳动生产率，降低成本。

7.2.8　钢筋调直机操作规程

料架、料槽应安装平直，并应对准导向筒、调直筒和下切刀孔的中心线。用手转动飞轮，检查传动机构和工作装置，调整间隙，紧固螺栓，检查电气系统并确认正常后，起动空运转，并应检查轴承无异响，齿轮啮合良好，运转正常后，方可作业。调直块尚未固定好、防护罩尚未盖好前不得送料。作业中严禁打开各个防护罩并调整间隙。

送料前，应将不直的钢筋端头切除。导向筒前应安装一根1 m长的钢管，钢筋应先穿过钢管再送入导孔内。经过调直以后的钢筋如仍有慢弯，可逐渐加大调直块的偏移量，到调直为止。切断3～4根钢筋后，应停机检查其长度，当超过允许偏差时，应调整限位开关或定尺板。

7.2.9　钢筋切断机操作规程

启动前，应检查并确认切刀无裂纹，刀架螺栓紧固，防护罩牢靠，然后用手转动皮带轮，检查齿轮啮合间隙,调整切刀间隙。启动后,应先空运转,检查各传动部分及轴承运转正常后,方可作业。

操作人员不得剪切超过机械性能规定强度及直径的钢筋和烧红的钢筋。一次切断多根钢筋时,其总截面积不应超出设备的规定范围。机械运转过程中,不得用手直接清除切刀附近的断头和杂物。在钢筋摆动周围和切刀周围,非操作人员不得停留。当发现机械运转不正常、有异常响声或切刀歪斜时,应立即停机检修。

7.2.10 钢筋弯曲机操作规程

工作台和弯曲机台面应保持水平。作业前应准备好各种芯轴及工具,并应按加工钢筋的直径和弯曲半径的要求,装好相应规格的芯轴和成型轴、挡铁轴。启动前,应检查并确认芯轴、挡钢筋轴、转盘等不得有裂纹和损伤,防护罩应有效。在空载运转并确认正常后,开始作业。作业时,应将需弯曲钢筋一端插入在转盘固定销的间隙内,将另一端紧靠机身固定销,并用手压紧;再检查并确认机身固定销安放在挡住钢筋的一侧,启动机械。操作人员应站在机身设有固定销的一侧。成品钢筋应堆放整齐,弯钩不得向上。

7.2.11 滚弧机机械操作规程

作业前应调整好各轴芯之间的尺寸,并按加工钢筋的滚弧半径的要求,调节好轴芯之间的距离,放下防护罩。作业前应先检查机械、电气设备性能情况,一切正常方可作业。严格按设备性能及工艺要求进行操作,严禁超出机械负载能力使用。滚弧钢筋较长,应有专人扶住,并站在钢筋滚弧内侧方向,互相配合,不得拖拽。设备修理及清洁、保养机械必须停机后进行。工作完毕后,清理铁渣,做好日常机械保养、保洁工作。

7.3 管片生产制作的操作规程

7.3.1 钢筋骨架制作操作规程

钢筋骨架单片焊接成型,必须在靠模内进行,其平行搭接的焊缝厚度应不小于 0.3 倍的钢筋直径,焊缝宽度不小于 0.7 倍的钢筋直径,搭接长度不小于 30 mm,钢筋交差搭接焊缝厚度不小于 0.35 倍的钢筋直径,焊缝宽度不小于 0.5 倍的钢筋直径。成型骨架起吊运输需与行车工密切配合,必须垂直起吊,不准斜吊。钢筋骨架制作成型后,按规定要求进行实测检查,认真填好记录检查合格后,分类堆放。

7.3.2 预埋件的入库操作规程

外加工的预埋件在成品进厂时必须由质量部门进行质量检验,抽检比例为 10%,若不合格则全检验，不合格的埋件一律退货。预埋件按要求经检验合格入库。

7.3.3　模具组装操作规程

新制作或进行大修管片钢模进场后须对钢模进行精度的检验，合格后进行三环管片的试生产及三环管片的水平拼装，以检验管片钢模的制作质量，经拼装检验合格后，方可投入生产。

每只钢模的配件必须对号入座，钢模清理必须彻底，混凝土的残渣必须全部清除，包括钢模底模、侧板、模芯、芯棒等，并用压缩空气吹净残渣。清理钢模时，不准用锤敲和凿子凿，严防钢模表面损坏。

清理后的模具需涂刷脱模剂，要求用油刷或回丝涂刷，油面薄而匀，严禁有积油、淌油现象。

在钢模合拢前，应先查看模具底板与侧面模结合处是否干净，关上端头板，合上两侧板，拧定位螺栓，先中间后两头，打入定位销，检查端板与侧板使其密贴、旋紧。

模具组装完毕后，必须对钢模的内净宽度进行检查，检测误差在规定的偏差范围内(－0.4 mm，＋0.2 mm)。车间自检合格后，必须经专职检验人员复检，合格后方可进入下道工序，并做好记录。

7.3.4　钢筋骨架入模操作规程

钢筋骨架必须经检查合格后方可入模。钢筋骨架入模后，必须检查底部、两端、两侧的混凝土保护层，主筋的混凝土净保护层应控制在 50±5 mm 范围内，管片中的预埋件锚固钢筋必须与管片的主筋焊接牢固，预埋件就位必须与钢模底弧面保持垂直密贴。

管片中预埋件锚固钢筋必须与管片的主筋焊接牢固，其焊接长度不小于 30 mm，焊缝高度 6 mm。若两者间直接搭焊有困难可另加连接钢筋 $\varphi 8$，将其两端分别于钢筋骨架、锚固搭焊。车间全面检查钢筋骨架入模质量，并详细记录于自检表中。在隐蔽工程验收合格后方可允许浇捣混凝土。

7.3.5　混凝土浇捣操作规程

混凝土浇捣应严格执行分层浇捣工艺，分层厚度不大于 25cm，在任何情况下一块管片必须连续浇捣完成。

振捣由两侧端向中间顺序进行，宽度方向的振动点不少于四点，插入振捣点间隔半径不大于 25 cm，浇捣至 35 cm 高度后需在弧度面的两端依顺序分别向上振捣，确保表面混凝土振动密实。

采用高频插入式振捣，捣动时其混凝土出现下列现象时说明混凝土已密实了：① 混凝土表面停止沉落或者沉落不明显；② 混凝土表面气泡不再显著发生或在振捣器周围没有气泡冒出；③ 混凝土表面呈水平，并有灰浆出现；④ 混凝土已将模板边角部位填满充实并没有灰浆出现。

在浇捣第二层时,必须将插入式振捣器插入下层混凝土 10 cm,振捣后提拔时必须慢慢地提拔,不得留有洞穴。

振动时振动棒严禁与钢模接触,不得支承在钢筋骨架上,不允许碰撞钢筋预埋芯棒及预埋件,振动棒振捣操作时做到快插、慢提,严禁在振捣过程中加洒生水,振捣完毕后构件表面不留气孔和水泡。

振捣完毕后去盖,先用铁板刮平和压实,再用小木蟹打磨平并提浆,铁板压光,清理钢模边的混凝土,用塑料薄膜覆盖保温、收水抹面时严禁洒水及水泥,抹面间隔进行 3～5 遍,需保证管片外弧面平整度不大于 2 mm,力求板面平整和顺。

混凝土初凝前应转动一下芯棒,但严禁向外抽动,当混凝土初凝后再次转动芯棒,视混凝土结硬程度而定。

7.3.6 管片的养护操作规程

管片的前期养护采用罩式蒸汽养护,蒸养前应记录好管片生产区域的自然温度。必须严格按照静停、升温、恒温、降温四个阶段进行,蒸养制度具体如表 7-1 所示。

表 7-1 管片蒸养制度

条 件	时 间	条 件	时 间
静停时间	2～4 h	升温速度	≤15℃/h
最高温度	≤60℃	恒温时间	2 h
降温速度	≤10℃/h	脱模温差	≤20℃

测温人员要严格执行蒸养制度,加强观测,做好测温记录,配合试验人员按规定放置和取出试块,混凝土试块的养护条件应与管片同条件养护。

管片蒸汽养护后,生产小组须根据试验室签发的管片起吊通知单,混凝土试块抗压强度达到设计强度的 50%,方可脱模起吊。

7.3.7 脱模操作规程

(1) 管片脱模前需松开埋件底部固定装置和模板坚固夹具,方可用专用起吊工具起吊,操作时慢慢起吊,平均受力。

(2) 吊装工操作时必须听从起重工的指挥,并负责观察两端起吊高度。起吊时不得倾斜,上升起吊时两端必须用手扶稳,管片严禁撞击钢模。

(3) 管片在翻身架上翻身,管片翻身时凸槽向上,拆除管片上其他零件,同时抽取 10% 的管片进行单块尺寸精度检验,并做好记录。

(4) 管片翻身后,拆下的活络模芯等附件,必须放回原钢模位置,装模人员验收安装。对管片应立即用塑料薄膜覆盖,进行保温、保湿。

(5) 每块管片的内弧面右上方的凸面上盖上该管片的型号章、厂名、生产日期、班组，然后分型号类别吊入水池内各个部位就位，并浸没水养护7天，管片入池时与水中的温差不大于200℃。

(6) 管片在入水前必须清理干净防迷流垫圈上的混凝土污垢，同时对有螺纹的埋件，涂嵌黄油或加闷盖。

7.3.8 三环整环拼装要求

钢模复试合格后进行三环管片的试生产及三环水平拼装，以检验管片钢模的制作质量；试生产100环抽查3环做一次三环水平拼装检验，合格后方能批准钢模正式生产。以后每生产200环抽查3环做一次三环水平拼装检验。若检验不合格，经整改销项后，每生产100环抽查3环做一次三环水平拼装检验；若连续两次检验不合格，停产整改。

每次进行管片三环水平拼装时，必须调整管片水平拼装台座的水平度，符合要求后方可进行拼装。

7.3.9 成品检漏的方法和步骤

将养护龄期大于28天的管片吊放在检漏设备台就位后，在管片内弧面铺上橡皮，上好夹具，先用手动扳手初步拧紧螺帽，再用气动扳手由中间向两端对称拧紧螺帽，气动分两次拧紧螺帽，第一次拧紧60%，第二次拧足，使管片和检漏台上的橡胶的接缝处在整个试验阶段密贴不渗水。

7.3.10 管片进出养护水池操作规程

管片静养冷却，气泡修补完毕，清理干净防迷流垫圈上的混凝土污垢。管片在进池时应按图规定摆放。管片入池时与水中的温差不大于20℃，水养护7天，按先入池先出池的原则进行。进出池时不得碰撞管片、养护池墙壁。

7.3.11 管片堆放及驳运操作规程

管片在吊运堆放、装卸运输时要有专人指挥，防止碰撞损坏。各种专用工具及各类吊索具，必须确定专人进行经常性(至少每周一次)的检查。发现问题及时通知有关部门，有关部门应及时组织整改，不得冒险作业。每次吊运管片时，必须使用各自的专用吊具并检查吊索具的设置情况，管片吊运时严禁从人体上空飞行。

管片堆场地坪必须坚实平整，养护池及堆场底部采用垫木，厚度必须一致，放置位置正确，凹口朝下，凸口朝上。管片应侧立按型号、规格分别堆放，堆放高度以三块侧立高度为宜。

7.3.12 管片出厂检验操作规程

出厂前每片管片必须经过质量检验。混凝土管片应达到外光内实，外弧面平整、光洁，保持螺栓孔润滑,管片不得有缺角掉边、蜂窝等外观缺损。管片出厂检查中发现有缺损、缺角,应用管片修补剂填平,密封垫沟槽两侧、底面的大麻点应用麦斯特专用修补剂、水泥腻子填平,检验合格后方可使用,细小裂缝用环氧树脂注入封闭。

管片的内弧面右上角及同一方位凸面上,必须标有醒目的管片型号、规格、生产日期、厂名等,通过检验合格后盖上出厂合格章和检验人员代号方可出厂。凡出厂的地铁管片必须出具“地铁管片出厂合格证”。

7.3.13　管片出厂运输技术要求

管片运输要有专门车辆和专用垫衬,一车装两块以上的管片时,管片之间应放置枕块及柔性材料做衬料,运输中要保持平稳行驶。在运输过程中如遇道路差、路面不平,则行驶应尽量缓慢,使车辆保持平稳,以免影响装载的管片受损。

车辆到施工现场时,须听从施工单位的指挥,卸车时要做到平稳、安全不碰撞。卸车后,由施工单位验收,合格签证回单,如有管片缺损及施工方认为有缺陷而退货的情况,则须在回单中注明,并随车带回有缺陷的管片。

工地退回的管片,公司质监人员须认真检查,并对退回的管片找出原因,落实责任,做出处理意见,同时要提出有效的整改措施,把退货作为一次质量事故来对待。

7.4　管片质量检验标准

7.4.1　钢筋骨架制作质量标准

钢筋笼制作应有足够的精度,应将钢筋笼制作精度要求报监理工程师审核批准并备案。必须选用可靠的设备及工艺来保证钢筋断料、成型、焊接等工序的施工质量,并报监理工程师批准。

检验人员需按照设计和规定的要求对总装完成的钢筋笼进行严格的质量检查,主要内容包括:外观、焊接和精度(公差)等,检查合格后可挂牌标识进入成品堆放区待用。

(1) 钢筋断料、成型检验标准,如表 7－2 所示。

表 7－2　管片钢筋加工检验标准

序号	项　目	允许偏差(mm)	检验方法	检 查 数 量
1	主筋长度	±5	尺量	抽检≥5 件/班同类型、同设备
2	分布筋长度	±5	尺量	抽检≥5 件/班同类型、同设备
3	主筋折弯点位置	±10	尺量	抽检≥5 件/班同类型、同设备
4	箍筋折弯尺寸	±5	尺量	抽检≥5 件/班同类型、同设备

(2) 钢筋笼检验标准,如图 7－3 所示。

表7-3　钢筋笼检验标准

序号	项　目	允许偏差(mm)	检验方法	检　查　数　量
1	主筋间距	±5	尺量	抽检≥5件/班同类型,每片骨架检查4点
2	箍筋间距	±5	尺量	抽检≥5件/班同类型,每片骨架检查4点
3	分布筋间距	±5	尺量	抽检≥5件/班同类型,每片骨架检查4点
4	骨架长、宽、高、对角线、弦长	±5	尺量	抽检≥5件/班同类型,每片骨架检查4点

(3) 钢筋制作质量标准,如表7-4所示。

表7-4　钢筋制作质量标准

序　号	内　容	允许偏差(mm)
1	网片长、宽尺寸	±5
2	网片间距	±5
3	保护层	-3,5
4	环、纵向螺栓孔	畅通、内圆面平整

7.4.2　混凝土衬砌管片的允许偏差

混凝土衬砌管片的允许偏差,如表7-5所示。

表7-5　管片允许偏差

序　号	内　容	允许误差(mm)
1	管片弧长	±1
2	管片内半径	±1
3	管片外半径	0,2
4	管片厚度	±1
5	管片宽度	±0.5
6	在任一径线方向周边表面对于理论平面的厚度	±0.5
7	端面的平均表面的误差	±0.5
8	螺栓孔直径	±1
9	端面防水衬垫和密封条沟槽边对于周边平面的吻合	±1
10	防水密封条沟槽的宽度	0,0.3
11	防水密封条沟槽的深度	0,0.2

7.4.3 单块衬砌管片质量检验标准

单块衬砌管片质量检验标准,如表 7-6 所示。

表 7-6 管片质量检验标准

序号	内容		检测要求	允许误差(mm)
1	外型尺寸	宽度	内外侧各测三个点	±0.5
		弦长	测三个点	±1
		弧长		±1
		厚度	测三个点	±1
2	混凝土强度等级			符合设计
3	混凝土抗渗等级			符合设计
4	氯离子扩散系数			符合设计

7.4.4 三环整环拼装裂缝间隙质量标准

水平拼装尺寸允许偏差,如表 7-7 所示。

表 7-7 水平拼装尺寸允许偏差

序号	内容	检测要求	检测方法	允许偏差(mm)
1	环缝间隙	每环测 3 点	插片	0,1
2	纵缝间隙	每条缝测 3 点	插片	0,1
3	成环后内半径	测 4 条	用钢卷尺	±1
4	成环后外半径	测 4 条	用钢卷尺	0,2

7.4.5 钢模检测

管片正式生产前,应做三环试拼装试验,拼装试验必须有甲方及监理工程师参加,并应提前 15 天通知甲方及监理工程师。试拼装经监理工程师同意方可拆卸,拆卸后的管片,经同意后,可用作永久隧道衬砌。试拼装试验结果得到监理工程师批准同意后,方可进行正式生产。

管片生产过程中,每套钢模合拢后进行精度检测,每套钢模生产 100 环须做一次三环试拼装以检测钢模精度是否满足生产要求,满足要求方可继续生产,承包商需提供相应的检测工具。

7.4.6　管片抗渗检漏

管片每生产1班抽查2块做检漏测试，即在0.8 MPa水压下维持3小时，渗透深度不超过保护层5 cm为合格。若检验管片有1块不合格时，需加倍复验，若复验仍有1块不合格，则应对当天生产管片逐块检漏。发现检漏不合格管片，未经处理或未取得监理工程师验证，不得用于工程中。如同一配合比下，连续3班管片检漏测试均合格，可以每生产100环管片，检漏测试2块若100环内发现有不合格的，检测频率恢复到1班2块；若连续3班均不合格，停产检查。发现检漏不合格管片，未经处理或未取得监理工程师验证，不得用于工程中。

混凝土抗渗试验按GB/T50082－2009《普通混凝土长期性能和耐久性能试验方法标准》进行。同一配比，每生产30环管片做一组试块抗渗试验，以满足设计要求为合格。

7.4.7　管片试验

管片生产线在正式生产前应分别做单块管片抗弯试验(标准块浅埋、中埋、深埋、超深埋各1块)四次、管片接头抗弯试验(标准块2块)一次、管片环面抗剪试验(标准块或拱底块1块)一次和6 200管片预埋件抗拔试验各三次，以满足设计要求为合格。

管片每生产1 000环，应随机抽取管片，分别做单块管片抗弯试验(标准块1块)一次以及6 200管片预埋件抗拔试验三次，以满足设计要求为合格。

完成结构试验的管片应报废处理。

7.4.8　预埋件、滑槽检验

预埋件的生产单位在供货前，应进行自检，确保满足规定和设计要求。供货时应提供产品检验合格证、产品原材料详细说明书、国家认定的专业检测机构出具的检验报告及业主方认为有必要的证明文件。

管片生产厂家及监理在接收管片的预埋件时，应由专门人员进行抽检，确保预埋件满足规定和设计要求。抽检应随机进行，每6 000套为一检验批次，每批次抽检1%，如发现有不合格产品，则加倍抽检，若仍有不合格产品，则整批退回生产厂家。

预埋滑槽防腐涂层需按以下检验方法进行检验：

(1) 盐雾试验：按GB/T10125－2012《人造气氛腐蚀试验 盐雾试验》中要求进行，试验周期为480H。

(2) 耐碱性能：涂层经过耐碱试验后，涂层不变色，无气泡、斑点。在23±2℃条件下，以100 ml蒸馏水中加入0.12 g $Ca(OH)_2$的比例配碱溶液并进行充分搅拌，该溶液pH值应该达到12～13。按GB/T9274－1988规定的甲法(浸泡法)进行周期为168h的试验。

(3) 附着力试验：按GB/T9286－1998规定的方法进行，涂层的附着力应达到GB/T9286－1998中表1规定的前三级。

7.4.9 防迷流测试质量标准

为了确保防迷流要求,管片中钢筋、钢结构之间均需焊接连通,钢筋骨架成型后需以电桥检验其钢筋、钢结构是否接通,不通者应予以补焊,钢筋笼成型后防迷流测试要求每30环测试1环,并做好记录与标记。

管片防迷流测试标准值是根据设计值确定的。如管片采用导通法防迷流,则应进行管片的防迷流测试,单块管片环向电阻值及纵向电阻值均应不大于 5×10^{-3} Ω,检测并做好记录和标志。

在管片进行三环水平拼装检验时,同时进行管片整环防迷流测试。成环拼装以后的电阻值:整环管片任意两点间的电阻值不大于 15×10^{-3} Ω,纵向相邻的两块管片任意两点间的电阻值不大于 20×10^{-3} Ω。

7.4.10 管片耐久性检验

管片耐久性检验如表7-8所示。

表7-8 管片耐久性检验

结构部位		混凝土密实度				抗裂性能	
		电通量 C(库仑)		氯离子扩散系数 10^{-12} m^2/s		抗裂等级	
		指标值	次	指标值	次	指标值	次
盾构隧道	管片	≤1 000	1/配合比	≤1.2	1/配合比	I	2/配合比

7.4.11 CO_2 气体保护焊焊接检查

在钢筋笼的加工中广泛使用 CO_2 气体保护焊,确保钢筋笼的焊接质量。

传统的焊机容易产生钢筋“咬肉”现象,使设计有效钢筋断面不能保证,影响管片的内在质量。而且由于传统焊接熔点高,在钢筋接点的附近材质发生变化,不能保证管片质量。

7.4.12 系统功能结构

1. 生产计划

管理人员先输入当月的生产计划、每周的生产计划和每天的生产计划,生产管理人员通过系统可以迅速、全面了解生产计划的落实情况,及时掌握每一道工序的在线模板数量、生产状态,如图7-1所示。

2. 原材料检测

原材料检测软件为上海市建设工程检测行业协会统一提供的软件,在此基础上,我们设

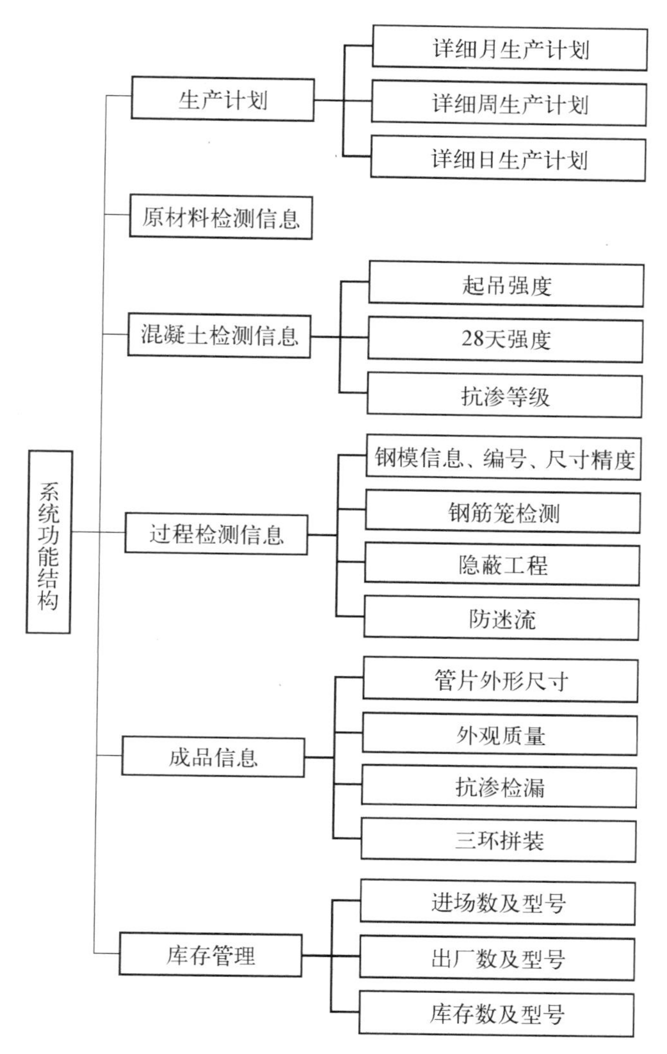

图7-1 系统功能结构

计新的管片生产管理系统可以访问协会软件的数据库，使得原材料检测的数据报告在新的信息管理系统得到自动反映。这一步骤不需要特别的人工投入。

3. 混凝土信息检测

混凝土相关信息检测和原材料检测一样，也是新信息系统调用行业协会软件数据库，包括混凝土的起吊强度、28天强度、抗渗等级等信息。

4. 生产过程的检测信息

生产过程的检测信息的录用是信息化管理的一个关键部分，生产过程信息包括模具的编号、管片的型号、生产日期、钢筋笼检测信息、隐蔽工程信息以及防迷流信息，需要安排专人或部分采用自动化将以上信息输入系统。

5. 管片成品信息

管片成品信息包块管片的外观质量、尺寸、抗渗检漏情况、三环拼装情况等信息，也需要安排人员进行数据的输入。

管片的储运信息化管理是指合理地安排管片的出厂顺序,减少多次驳运带来的管片破损。在此方面,我们首先对厂区所有场地进行编号,由生产管理人员做好各种型号管片的存储规划,再由车间指派专人对每块场地进行管片的进出进行信息统计,统计信息每天输入软件,所有与生产和出厂相关的人员都可以轻松地按照电脑程序显示的管片型号找到管片。

我公司的信息化管理技术,通过终端和网络技术生产输入和存储大量的现场数据,通过对数据的可视化管理,进行查询、统计、分析,实现对生产、储运和发货各环节的全过程跟踪和精细化管理。另外,所有数据将为上级主管单位、申通公司、监理等提供接口,以便相关方及时掌握管片全过程的生产信息。

7.4.13 加强产品生产过程控制

在生产中坚持操作人员自检、班组人员互检、专业人员复检的三级质量管理体系,配备专业检查人员。过程控制,是把产品加工的过程分成若干主要工序,每道工序有专人负责对加工的半成品进行检验,上一道工序对下一道工序负责,下一道工序对上一道工序检验。所有工序必须保证有记录台账,留有可追溯的原始记录。针对管片生产制定了一套过程控制的质量表式,以此达到过程控制的强制效果,对产品的最终质量负责。

(1) 实施定人定岗的生产人员管理制度。在流水线关键岗位上,必须实施专业化的生产管理模式,即杜绝传统生产交叉作业以及串岗现象。另外,必须限定每一关键岗位上的生产人数,根据生产经验,流水线作业方式下如果有缺岗现象,必定会打乱生产节奏,甚至会严重影响产品质量。所以,在新的流水线生产时,我们必须制订好切实可行的岗位操作管理制度。

(2) 实施定额生产以及定额领料的管理制度。定额生产,即每天的生产数量必须在前一天安排好,除钢筋笼保持一定的库存外,为了使流水线通畅,必须杜绝埋件、辅助材料等大量堆积在工作线周边,影响流水线的文明和安全施工。所以,必须实施定额领料制度,车间管理人员必须按照当日的生产数量配备给生产班组相应的预埋件和辅助材料,生产线上不得有任何材料堆积的现象。

(3) 作业流程,质量考核规范化:① 对相关岗位的人员做好书面的安全生产,技术质量交底工作,由本人签字;② 制作生产车间作业动态牌,布置在车间醒目位置;③ 由厂部技术质量负责人、车间主任和劳务班组长每两周对车间生产进行检查,制定评分考核办法,按照考核办法实施奖励和处罚;④ 管片生产厂联合共同组建管片生产与质量控制信息化管理平台,建立专业领导小组,各管片制作单位要有专人负责管理。

7.4.14 产品质量控制关键点

1. 砂石等原材料控制

按招标文件中所规定的原材料要求进行选矿,严格控制原材料质量以确保管片达到高强度要求。原材料进场后,材料部门组织验收,收取料单及材料质保书、合格证。对材料的生产厂家、产地、型号、规格、种类、数量及材料外观进行验收，专门设立台账并注册登记。另外，通知实验室取样，对进场材料进行复试。原材料进场验收合格后，方可进入堆场并分仓堆放，严禁混仓。

2. 钢筋骨架制作精度

钢筋骨架制作应按设计图纸要求翻样、断料及成型，总装必须在符合精度要求的专用靠模上加工拼装，严格控制焊接质量，并由专人检测、记录、挂牌标识。在总体拼装时发现系统误差，应及时修正钢筋笼胎模在加工过程中所产生的变形。

3. 混凝土搅拌

严格控制混凝土原材料的质量，混凝土搅拌系统采用自动系统，按规定对混凝土搅拌系统的计量装置进行校验，在使用过程中加强维护保养，使称量系统始终保持良好的工作状态。混凝土浇捣是管片制作过程中的关键工序，上岗作业必须配备有经验的熟练操作工，要定职、定人、专人负责。质检人员必须到现场监督，并密切关注浇捣中随时发生的质量问题，及时处理并加强指导。在混凝土搅拌过程中，必须严格控制好混凝土坍落度。混凝土浇捣中必须按规定要求，填写混凝土接收记录。

4. 钢模检测

钢模的精度是钢筋混凝土管片精度的基础与保证。钢模到厂定位后的精度必须复测，试生产后必须进行钢模精度同实物管片精度对比检测及管片三环水平拼装精度的综合检测。各项检测指标均在允许的公差范围内，方可投入正常生产。

在正常生产状态下，对钢模实施两种检查管理，即浇捣前的快速检查和钢模定期检查。浇捣前的快速检查：用专用的快速测量工具对钢模中心宽度和能显示钢模正确合拢的项目进行检测，检测工具必须保持完好状态，并要妥善放置在可靠的地方；钢模定期检查：其目的是保证钢模在允许公差之内进行管片制作，在常规情况下，每制作100环管片为一个检查周期。如有特殊情况，可缩短其检查周期或作针对性检查。超标必须上报并及时修正。复检达标后方可继续进行管片制作。钢模的检查要求及方法，如表7-9所示。

表7-9 钢模各项精度要求及检测方法

序号	实测项目	规定值或允许偏差	检测方法和工具	规定权值
1	钢模内腔宽度	±0.25 mm	精度为0.01 mm的内径千分尺，D、B1、B2、L1、L2测量十点，F测量六点	20
2	钢模内腔高度	(−0.5～2) mm	精度为0.02 mm的深度游标尺，测量六点	20
3	钢模内腔内外径弧弦长	±0.5 mm	用塞尺测量出检测样板与钢模端板的间隙，通过计算得出弧、弦长，测四端	20
4	环面角度	±0.02°	用塞尺测量出检测样板与钢模端板的间隙，通过计算得出角度，测四端，或用三维管片钢模激光测量系统检测	10
5	端面角度	±0.02°	用塞尺测量出检测样板与钢模端板的间隙，通过计算得出角度，测四端，或用三维管片钢模激光测量系统检测	10

(续表)

序号	实测项目	规定值或允许偏差	检测方法和工具	规定权值
6	环面与端面的角度	±0.01°	用塞尺测量出检测样板检测钢模侧板与端板的间隙,通过计算得出角度,测四角,或用三维管片钢模激光测量系统检测	10
7	圆心角	≤0.005°	用塞尺测量出检测样板与钢模端板的间隙,通过计算得出角度,测四端,或用三维管片钢模激光测量系统检测	5
8	纵向、环向芯棒中心距	±0.02 mm	精度为0.02 mm的游标卡尺	5

整体目测检查(目视测定):对钢模的整体功能、构造、所有部件、外观以及机械装置(包括操作中的问题)等进行仔细检查,目视确认钢模结构坚固,无作业引起的误差,以及混凝土接触面无损伤及凹凸,所有附件或配件无缺陷;调整侧板模板目视钢模端板的角度。钢模检查的各项目检测值都应及时准确清晰地填写在规定的钢模检查表中,确保记录的有效性和可追溯性。

5. 蒸汽养护

管片蒸汽养护采用全自动温控系统,由专人负责,严格按照"静停、升温、恒温、降温"四阶段所规定的要求进行操作,并如实填写蒸养记录。

6. 水养护

确保管片七天的水养护,管片吊入池前,必须对外露的或有螺纹的预埋件涂黄油或加盖,以防止管片在水养护的过程中造成预埋件锈蚀等。

7. 冬季施工质量控制

管片冬季生产时,必须严格制定冬季施工规范,当管片生产浇捣时气温连续5天稳定低于5℃时,管片制作应采用冬季施工措施和气温突然下降的防冷措施,对用普通硅酸盐水泥拌制混凝土制作的管片,必须满足在混凝土受冻前,混凝土的抗压强度不低于$0.3f_{cu,k}$,这也作为混凝土冬季施工采取措施的主要依据。

冬季施工混凝土拌制,由搅拌站根据管片结构和制作条件,配制冬季施工混凝土级配单。

从拌制混凝土到混凝土入模相隔时间应尽量缩短,做到混凝土随出、随运、随入模,以减少混凝土自身温度的降低。冬季施工期间,按规范与要求加强对混凝土质量检查,从混凝土配制、运输、入模、养护等全过程进行质量监控,尤其是蒸养温度和温度差值的测试尤为重要,以确保管片在冬季制作的质量。

8. 雨天施工质量控制

雨天管片生产施工控制重点是混凝土料的含水量。由于管片生产对混凝土制作质量要求很高,所以雨天施工一定要注意砂石料的含水量的变化,及时调整用水量,保证混凝土各项指标都达到要求,对不符合要求的混凝土坚决不予使用。另外,雨天施工要加强质量控制的力度,增加混凝土测试的次数。

针对这一情况，许多生产单位设置了带移动顶棚的骨料待料仓，砂石待料仓增设了移动雨棚，确保砂石含水量相对稳定，保证了混凝土拌合物的配制质量。

7.4.15　施工组织措施

根据多年的制作管片经验，同时也为了满足本标段管片制作质量和进度的要求；施工单位应形成由原材料堆场、钢筋成型制作车间、管片混凝土浇捣车间和管片堆场四大部分组成的管片制作流水区域，并且配备各种测试设备和产品试验装置等；应能保证产品质量和品质；并具有优秀的、先进的技术来满足工程需要。施工公司应做到场地宽敞，设施齐全，员工对管片加工技术熟练，训练有素，并为业主提供优质的产品、优良的服务。

第8章 管片安装施工

管片是盾构施工的主要装配构件，是隧道的最内层屏障，承担着抵抗土层压力、地下水压力以及一些特殊荷载的作用。管片是盾构法隧道的永久衬砌结构，其质量直接关系到隧道的整体质量和安全，影响隧道的防水性能和耐久性能。

8.1 管片安装作业流程

（1）紧前工序达到标准：盾构掘进作业（一环）；同步注浆与出渣作业完成后。

（2）管片安装作业内容包括：施工准备、管片进场、管片防水材料粘贴、管片运输、管片拼装、管片缺陷处理等。

（3）作业流程：管片安装作业流程如图 8－1 所示。

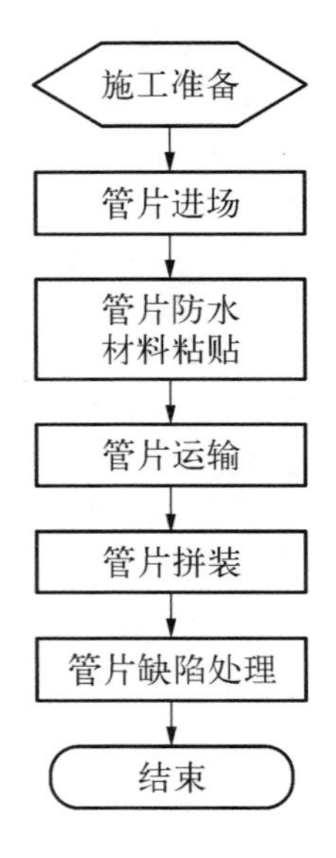

图 8－1　管片安装作业流程

8.2　管片进场作业

1. 紧前工序达到标准

管片生产。

2. 适用条件

适用于盾构隧道施工预制管片的进场作业。

3. 作业内容

作业内容包括：施工准备、管片出厂前检查、管片装车运输、管片进场检查、管片卸车存放等。

4. 作业流程及控制要点

(1) 作业流程：管片进场作业流程如图 8-2 所示。

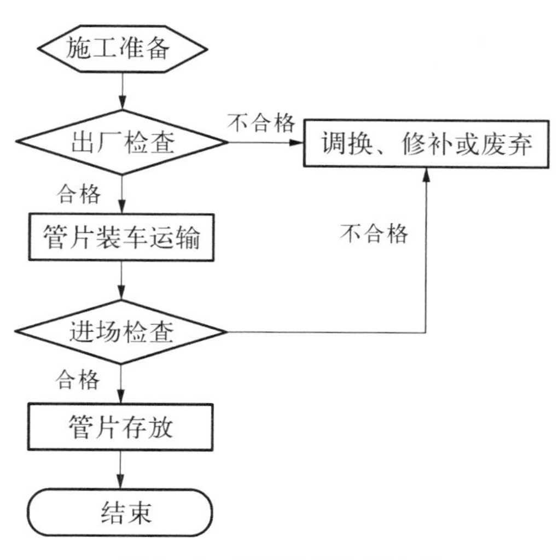

图 8-2　管片进场作业流程

(2) 作业控制要点：管片进场作业控制要点如表 8-1 所示。

表 8-1　管片进场作业控制要点

序号	作业项目	控　制　要　点
1	出厂检查	管片型号正确，养护周期达到标准，管片混凝土不应有露筋、孔洞、疏松、夹渣、有害裂缝、缺棱掉角、飞边等缺陷，麻面面积不得大于管片面积的 5%
2	管片装车运输	管片与平板车之间及管片与管片之间要有柔性垫条，垫条摆放的位置应均匀，厚度要一致，垫条上下成一直线；采用吊机进行管片装车；管片弯弧向上堆放整齐，管片的叠放不能超过四块；标准块一摞，按 A2、A1、A3 的顺序自上而下排列，邻接块与封顶块一摞，按 K、B、C 的顺序自上而下排列；管片装好车以后，要捆绑保险带，以免管片在运输的过程中移位、倾斜；运输过程应平稳

(续表)

序号	作业项目	控 制 要 点
3	进场检查	在管片的内弧面角部须喷涂标记,标记内容包括:管片型号、模具编号、生产日期、生产厂家、合格状态,每一片管片应独立编号;进场管片型号正确,龄期满足规范要求,管片不能有缺角、气泡、裂纹,修补应密实、光滑、平整,螺栓孔及注浆孔内无杂物
4	管片存放	由15 T门吊进行管片卸车,用两条吊带按一摞一次起吊,管片在到场后的水平运输用叉车完成,管片现场堆放要求同一环管片的两摞要相邻存放,间距不小于1.0 m;不同型号的管片分区存放,并用帆布遮盖

5. 作业组织

(1) 人员配备如表8-2所示。

表8-2 管片进场作业劳动力组织

序号	工 种	数量	备 注
1	值班工程师(土木)	2	管片厂及盾构场地各一人
2	起重装卸机械操作工	1	只含盾构施工场地范围
3	司索工	2	每班
4	汽车司机	若干	根据管片的需求情况确定人员数量
5	叉车司机	1	每班
	合计	6	

(2) 机械配备:管片出厂15 T门吊一台,管片运输车不少于4辆,盾构场地15 T门吊一台,叉车一台。

(3) 生产效率如表8-3所示。

表8-3 管片进场作业生产效率

序号	项 目	作业时间(min)	备 注
1	出厂前检查	10	
2	管片装车运输	—	根据管片厂与施工现场实际距离确定
3	管片进场检查	10	
4	管片卸车	30	

6. 紧后工序

管片防水材料粘贴。

7. 考核标准

管片进场作业质量检查标准如表8-4所示。

表8-4　管片进场作业质量检查标准

受检单位：

序号	项　目	依　据	检 查 标 准	是否符合标准		检查频次
				是（√）	否（原因）	
1	出厂检查	CJJ/T164-2011，技术交底	满足《盾构隧道管片质量检测技术标准》要求			每环管片检查一次
2	管片装车运输	技术交底	满足技术交底要求			每车检查
3	进场检查	CJJ/T164-2011，技术交底	满足规范及技术交底要求			每环管片检查一次
4	管片存放	技术交底	满足技术交底要求			每环管片检查

检查人签字：　　　　受检方签字：

8.3　管片防水材料粘贴作业

1. 紧前工序达到标准

管片进场。

2. 适用条件

适用于盾构隧道管片防水材料、软木衬垫和自黏性橡胶薄板粘贴作业。

3. 作业内容

作业内容包括：施工准备、管片检查及清理、止水条粘贴、软木衬垫粘贴、管片用自黏性橡胶薄片粘贴。

4. 作业流程及控制要点

（1）作业流程：管片防水材料粘贴作业流程如图8-3所示。

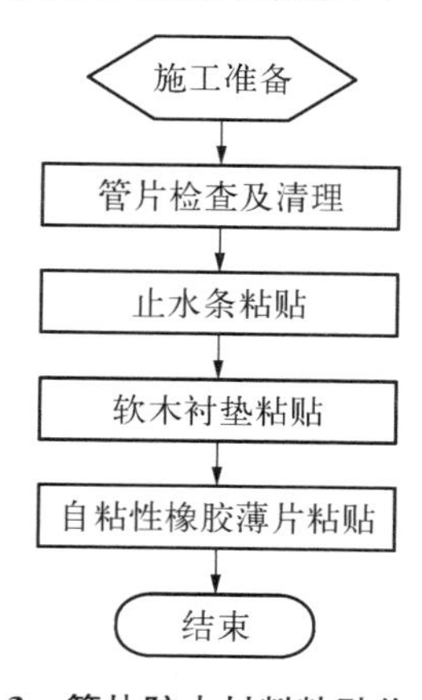

图8-3　管片防水材料粘贴作业流程

(2) 作业控制要点：管片防水材料粘贴作业控制要点如表 8-5 所示。

表 8-5　管片防水材料粘贴作业控制要点

序号	作业项目	控 制 要 点
1	施工准备	确认管片型号,按照技术要求准备止水条、衬垫、自黏性橡胶板及粘贴所用刷子和胶水等
2	管片检查及清理	管片为完整一环;无明显破损、裂纹等;管片螺栓孔无杂物;吊装孔可以正常安装吊装螺栓;将管片环纵接触面及预留粘贴止水条的沟槽清理干净;将管片螺栓孔和吊装孔进行清理,确保正常使用;管片环纵接触面有水存在时,在自然条件下风干,或用风机进行烘干
3	止水条粘贴	用刷子在管片环纵接触面、预留粘贴止水条的沟槽及止水条上涂抹粘贴剂;涂完粘贴剂后凉置一段时间(一般 10～15 min,随气温、湿度而异),待手指接触不粘时,再将加工好的框形止水条套入密封沟槽内;将止水条套入管片预留沟槽中时,统一将止水条的外边缘与管片预留沟槽的外弧边靠紧;套入止水条时先将角部固定好,再向角部两边推压;止水条待凸肋的环边安装在管片背千斤顶侧;施工现场管片堆放区应有防雨淋设施;粘贴止水条时应对其涂缓膨剂
4	软木衬垫粘贴	用类似的方法粘贴环纵缝衬垫,环缝的软木衬垫粘贴在管片背千斤顶侧环面,粘贴衬垫时应注意预留螺栓孔
5	自黏性橡胶薄片粘贴	按设计在管片角部粘贴自黏性橡胶薄片,加强角部防水

5. 作业组织

(1) 人员配备如表 8-6 所示。

表 8-6　管片止水条和软木衬垫等安装作业劳动力组织

序号	工　种	数　量	备　注
1	管片防水工	3/每班	负责管片检查、清理、止水条和软木衬垫等安装作业,同时配合管片到场后在场地的存放和移动

(2) 机械配备：本作业工序对机械配置无特别要求,需要移动管片时可用场地上的门吊或叉车进行辅助施工作业。

(3) 生产效率如表 8-7 所示。

表 8-7　管片止水条和软木衬垫等安装作业生产效率

序号	项　目	作业时间(h)	备　注
1	管片检查	0.1	
2	管片清理	0.25	
3	材料准备	/	材料提前做好准备
4	管片烘干	0.25	
5	涂抹粘贴剂,晾干后粘贴止水条	0.25	
6	涂抹粘贴剂,晾干后粘贴衬垫	0.25	
7	粘贴自黏性橡胶薄片	0.25	

(4)材料消耗如表8-8所示。

表8-8 材料消耗(单环消耗)

编 号	名 称	单 位	消耗数量
1	止水条	m	按设计
2	软木衬垫	m	按设计
3	自黏性橡胶薄片	m	按设计
4	粘粘剂	kg	按设计
5	胶水刮刀	把	2
6	木榔头	个	2
7	喷灯	个	2
8	胶水桶	个	2
9	帆布罩	块	10

6. 紧后工序

管片运输。

7. 考核标准

管片防水材料粘贴作业质量检查标准如表8-9所示。

表8-9 管片防水材料粘贴作业质量检查标准

受检单位:

序号	项 目	依 据	检 查 标 准	是否符合标准		检查频次
				是(√)	否(原因)	
1	施工准备	GB50446-2017,技术交底	满足规范技术交底要求 对材料按要求分批次送检			每环检查
2	管片检查及清理	GB50446-2017,技术交底	满足规范技术交底要求			
3	止水条粘贴	GB50446-2017,技术交底	满足规范技术交底要求 长度允许误差: 纵向:-5 mm~$+8$ mm; 环向:-10 mm~$+5$ mm; 高度允许误差:± 0.5 mm; 宽度允许误差:± 1.0 mm。 粘贴后的止水条应牢固、平整、严密、位置准确,不得有鼓起、超长或缺口等现象			
4	软木衬垫粘贴	GB50446-2017,技术交底	满足规范技术交底要求,粘贴好的软木衬垫不得出现脱胶、翘边、歪斜等现象			
5	自黏性橡胶薄片粘贴	GB50446-2017,技术交底	满足规范技术交底要求			

检查人签字: 受检方签字:

8.4 管片运输作业

1. 紧前工序达到标准

管片防水材料粘贴。

2. 适用条件

适用于盾构隧道管片垂直及洞内水平运输作业。

3. 作业内容

作业内容包括：管片选型、管片螺栓、垫圈、连接螺栓弹性密封圈准备、管片下井前检查、管片下吊及管片洞内运输作业等。

4. 作业流程及控制要点

(1) 作业流程：管片运输作业流程如图 8-4 所示。

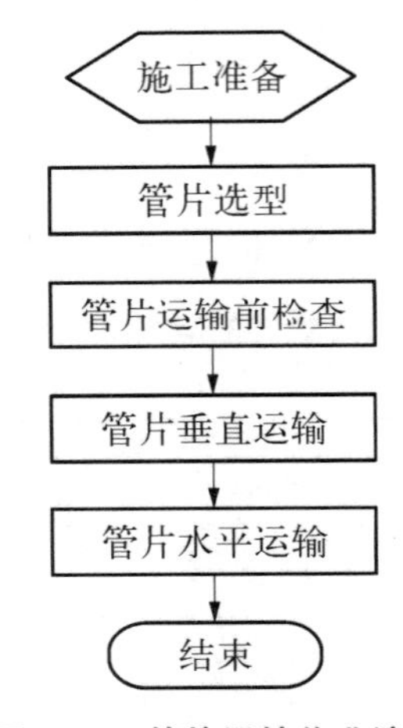

图 8-4　管片运输作业流程

(2) 作业控制要点：管片运输作业控制要点如表 8-10 所示。

表 8-10　管片运输作业控制要点

序号	作业项目	控制要点
1	施工准备	管片螺栓、垫圈及螺栓孔密封圈要严格按照要求准备，保证数量准确，质量完好
2	管片选型	指令由当班的值班工程师(土木)下达；管片选型要遵循以下原则：满足隧道线型为前提，重点考虑管片安装后盾尾间隙满足下一掘进循环限值，确保有足够的盾尾间隙，以防盾尾直接接触管片，也就是管片选型在满足隧道线形的基础上，要适应盾尾的原则；其次管片选型时要避免产生较大的推进油缸行程差，一般情况下要求推进油缸的油缸行程差不大于 50 mm
3	管片运输前检查	检查管片型号是否正确，管片有无明显外观缺陷，管片止水条和衬垫等是否完整，管片螺栓、垫圈及螺栓孔密封圈数量是否正确

（续表）

序号	作业项目	控 制 要 点
4	管片垂直运输	管片采用门吊下井，采用双吊带起吊，吊带绑扎位置正确，慢速下吊，管片下井时注意安全，下方避免站人；管片块与块之间采取放置两块 10 cm×10 cm 方木，保证管片放置稳固，防止管片发生碰撞造成边角等的损坏，避免管片发生相对位移
5	管片水平运输	隧道管片运输采用专用管片运输车，在管片运输过程中，必须采取必要的缓冲措施并保证管片放置稳固，防止管片边角等的损坏

5. 作业组织

（1）人员配备如表 8－11 所示。

表 8－11　管片下井及运输作业劳动力组织

序 号	工 种	数 量	备 注
1	值班工程师（土木）	1	每班配置
2	机车司机	2	
3	机车调车员	2	
4	起重装卸机械操作工	1	
5	叉车司机	1	
6	司索工	2	
7	普工	2	
	合计	11	

（2）机械配备：叉车一台，门吊一台，洞内运输电瓶车一辆。

（3）生产效率如表 8－12 所示。

表 8－12　管片下井及运输作业生产效率

序号	项 目	作业时间(min)	备 注
1	管片选型	/	由值班工程师（土木）提前通知准备
2	管片螺栓、垫圈及螺栓孔密封圈准备	/	可在施工间歇穿插进行
3	管片下井前检查	0.25	
4	管片下井	0.5	
5	管片运输	/	根据洞内水平运输的距离长短来确定

6. 紧后工序

管片拼装。

7. 考核标准

管片运输作业质量检查标准如表 8－13 所示。

表 8-13 管片运输作业质量检查标准

受检单位：

序号	项　目	依据	检　查　标　准	是否符合标准		检查频次
				是（√）	否（原因）	
1	施工准备	技术交底	满足技术交底要求， 管片螺栓、垫圈、密封垫数量正确			每环检查
2	管片选型	技术交底	管片类型是否符合指令要求			
3	管片运输前检查	技术交底	止水条等质量符合设计要求，无缺损，粘贴牢固，平整，无遗漏，不存在破损等明显外观缺陷			
4	管片垂直运输	技术交底	管片按照交底要求进行摆放，保证下吊和运输过程安全			
5	管片水平运输	技术交底	满足技术交底要求			

检查人签字：　　　　受检方签字：

8.5 管片拼装作业

1. 紧前工序达到标准

管片运输。

2. 适用条件

适用于盾构隧道管片拼装作业。

3. 作业内容

作业内容包括：施工准备、管片吊机卸车和倒运、管片安装区清理、管片安装与螺栓连接、管片螺栓二次紧固和管片拼装质量检查等。

4. 作业流程及控制要点

(1) 作业流程：管片拼装作业流程如图 8-5 所示。

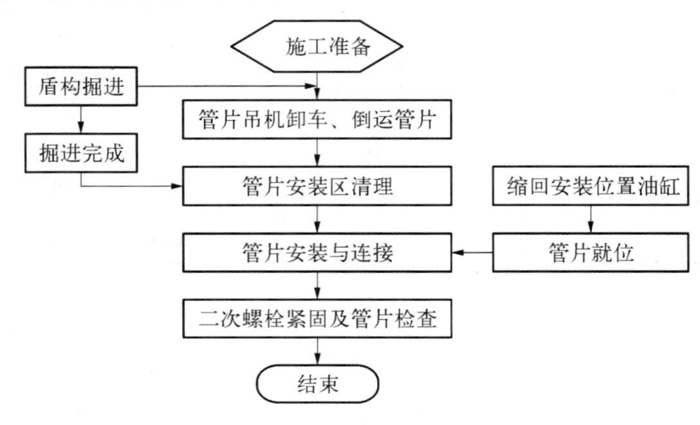

图 8-5 管片拼装作业流程

（2）作业控制要点：管片拼装作业控制要点如表8－14所示。

表8－14　管片拼装作业控制要点

序号	作业项目	控　制　要　点
1	施工准备	拼装人员必须熟悉管片排列位置、拼装顺序，施工过程中施工人员依据上一环管片位置、盾构姿态、盾尾间隙等准备、运输、安装管片
2	管片吊机卸车及倒运	管片由吊机吊起，按右旋方向旋转后放至输送小车上，由管片运输小车前移、顶升、后退、下放、再前移循环动作供应到位，管片放好后，应使粘贴有软木衬垫的一侧朝向盾构掘进的反方向
3	管片安装区清理	在盾构掘进完成后，管片安装前对管片安装区进行清理，清除污泥、污水，保证安装区及管片相接面的清洁，确保管片底部无异物
4	管片安装与连接	管片拼装应按拼装工艺要求逐块进行。管片安装必须从隧道底部开始，然后依次安装相邻块，最后安装封顶块；安装管片时只收缩对应位置的油缸，注意保持油缸回收时活塞杆的清洁；操作管片安装机的抓取器，旋紧吊装螺栓抓取管片；管片安装机沿滑道运行到管片所需要安装的位置；管片安装机的旋转紧绕盾构机的中心线左或右旋转，伸缩升降油缸把管片放到准确的位置；进行管片栓接后，推进油缸顶紧管片，安装机释放管片，紧固管片连接螺栓；封顶块安装前，应对止水条进行润滑处理，安装时先径向插入，调整位置后缓慢纵向顶推；拼装管片时应防止管片及防水密封条的损坏；在管片拼装过程中，应严格控制盾构千斤顶的压力和伸缩量，使盾构位置保持不变
5	管片螺栓二次紧固	管片脱出盾尾后，会发生部分螺栓松动的现象，及时进行螺栓的二次紧固，防止管片失圆和错台发生
6	管片检查	对已拼装成环的管片环作椭圆度的抽查，确保拼装精度；检查管片脱出盾尾后是否有破损现象，记录管片错台情况，并进行原因分析；管片连接螺栓紧固质量应符合设计要求

5. 作业组织

（1）人员配备如表8－15所示。

表8－15　管片拼装作业劳动力组织

序　号	工　　种	数　量	备　　注
1	管片安装司机	1	每班配置
2	管片工	3	

（2）机械配备：风动扳手两把（一把备用），梅花扳手两把（一把备用），小榔头两把。

（3）生产效率如表8－16所示。

表8－16　管片拼装作业生产效率

序　　号	项　　目	作业时间(h)	备　　注
1	管片拼装	0.5	

6. 紧后工序

管片缺陷处理。

7. 考核标准

管片拼装作业质量检查标准如表 8-17 所示。

表 8-17　管片拼装作业质量检查标准

受检单位：

序号	项　目	依　据	检　查　标　准	是否符合标准		检查频次
				是（√）	否（原因）	
1	施工准备	GB50446-2017，技术交底	满足技术交底要求，对管片质量及防水材料粘贴质量进行检查，对管片型号经行核对			每环检查
2	管片吊机卸车及倒运	技术交底	吊装顺序应满足安装顺序的需要			
3	管片安装区清理	技术交底	管片安装前应对管片安装区进行清理，清除污泥、污水，保证安装区及管片相接面的清洁			
4	管片安装与连接	GB50446-2017，技术交底	满足规范及技术交底要求			
5	管片螺栓二次紧固	GB50446-2017，技术交底	满足规范技术交底要求			
6	管片检查	GB50446-2017	成型隧道其允许偏差值应符合规范要求			

检查人签字：　　　　　　　　　　　　　　　　受检方签字：

8.6　管片缺陷处理作业

1. 紧前工序达到标准

管片拼装。

2. 适用条件

适用于盾构隧道成型管片漏水、破损等缺陷的处理。

3. 作业内容

作业内容包括：施工准备、管片清理、管片堵漏、管片修补、质量检查、管片外观清理等。

4. 作业流程及控制要点

(1) 作业流程：管片缺陷处理作业流程如图 8-6 所示。

(2) 作业控制要点：管片缺陷处理作业控制要点如表 8-18 所示。

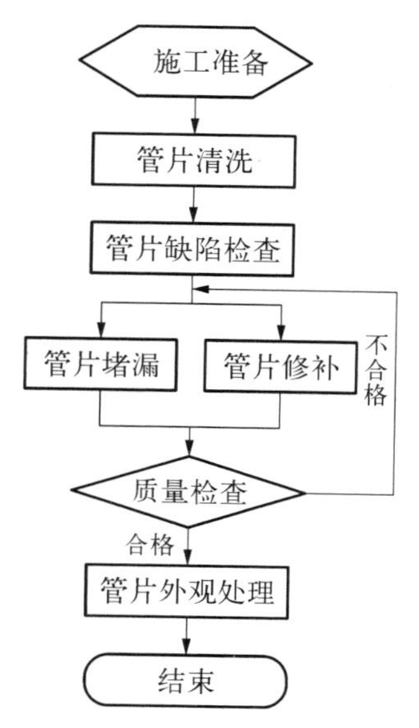

图 8-6　管片缺陷处理作业流程

表 8-18　管片缺陷处理作业控制要点

序号	项　目		控　制　要　点
1	管片清理		用钢丝刷对管片修补处表面进行清理，崩角和破损处应将残余混凝土清理干净；在进行修补前必须保证破损表面干燥
2	管片缺陷检查		当隧道衬砌表面出现缺棱掉角、混凝土剥落、大于 0.2 mm 宽的裂缝或贯穿性裂缝时，必须进行修补；在施工阶段应调查和记录隧道渗漏水和衬砌环变形等状态，当隧道渗漏水不能满足设计规定要求时，必须根据具体情况查找和分析渗漏水原因，并采取措施进行封堵、引排等措施进行治理
3	管片缺陷修补	渗漏水	堵漏注浆时，注浆压力不应大于管片的设计荷载压力
4		裂缝	管片的细小裂缝用胶水搅拌水泥填平，所有填补料应和裂缝表面紧密结合，并且结合完好；对于深度大于 2 mm、宽度大于 3 mm 的裂缝，要进行二次填补，操作时待第一次填补的材料干缩后，再进行第二次填补；贯通裂缝要进行注浆修补
5		崩角	修补时必须分层进行，一次填补厚度不得超过 40 mm，逐层填补后进行抹平、修边；当崩角较大时，刚修补的砂浆要脱落或变形，需在填补砂浆前立靠模

5. 作业组织

（1）人员配置如表 8-19 所示。

表 8-19　管片缺陷处理作业劳动力组织

序　号	工　　种	数　量	备　注
1	值班工程师（土木）	1	每班配置
2	普工	3	

（2）机械配置如表 8-20 所示。

表 8－20　机械配置

序　号	名　　称	单　位	数　量	备　注
1	钢丝刷	把	4	
2	灰　刀	个	4	
3	提浆桶	个	4	
4	抹　刀	个	2	
5	手压式注浆泵	台	1	

(3) 材料配置如表 8－21 所示。

表 8－21　材料需求

序号	材料名称	规格型号	单　位	数　量	备　注
1	525＃水泥	P.O52.5	t	/	
2	白水泥	P.O52.5	t	/	
3	中　砂		m^3	/	
4	细　石	5～10 mm	m^3	/	
5	胶　皇		kg	/	
6	环氧树脂	/	kg	/	
7	超细水泥	/	t	/	

6. 紧后工序

盾构掘进或结束。

7. 考核标准

管片缺陷处理作业质量检查标准如表 8－22 所示。

表 8－22　管片缺陷处理作业质量检查标准

受检单位：

序号	项　目	依　据	检　查　标　准	是否符合标准		检查频次
				是(√)	否(原因)	
1	管片清理	GB50446－2017，技术交底	满足规范及技术交底要求			每环检查
2	管片缺陷检查	GB50446－2017，技术交底	满足规范及技术交底要求			
3	渗漏水处理	GB50446－2017，GB50108－2008，技术交底	满足规范及技术交底要求，无渗漏水点			

（续表）

序号	项　目	依　据	检　查　标　准	是否符合标准		检查频次
				是（√）	否（原因）	
4	裂缝处理	GB50446－2017，技术交底	满足规范及技术交底要求			每环检查
5	崩角处理	GB50446－2017，技术交底	满足规范及技术交底要求，修补密实，棱角分明			
6	破损处理	GB50446－2017，技术交底	满足规范及技术交底要求，修补面平整			
7	修复后质量检查	GB50446－2017，GB50108－2008，技术交底	管片修补质量要达到修补处材料密实牢固，整体达到地下工程二级防水等级标准			
8	管片外观处理	技术交底	修补表面光滑无裂缝且与管片颜色一致			

检查人签字：　　　　　　　　　　　　　　　　　　　　受检方签字：

附录

中国装配式混凝土结构相关标准

类　别	编　　号	名　　　称
有关模数基础标准	GB/T50002 - 2013	建筑模数协调标准
	GB50006 - 2010	厂房建筑模数协调标准
主要部品模数协调标准	GBJ101 - 87	建筑楼梯模数协调标准
	GB/T11228 - 2008	住宅厨房及相关设备基本参数
	GB/T11977 - 2008	住宅卫生间功能及尺寸系列
	GB/T5824 - 2008	建筑门窗洞口尺寸系列
	GB50010 - 2010	混凝土结构设计规范
	GB/T51129 - 2015	工业化建筑评价标准
	GB50666 - 2011	混凝土结构工程施工规范
	GB50204 - 2015	混凝土结构工程施工质量验收规范
	GB50009 - 2012	建筑结构荷载规范
	GB50011 - 2010	建筑抗震设计规范
	GBJ321 - 90	预制混凝土构件质量检验评定标准(已废止)
	GBJ130 - 90	钢筋混凝土升板结构技术规范
	GB/T14040 - 2007	预应力混凝土空心板
行业标准	JGJ1 - 2014	装配式混凝土结构技术规程
	JGJ1 - 91	装配式大板居住建筑设计和施工规程(已废止)
	JGJ3 - 2010	高层建筑混凝土结构技术规程
	JGJ224 - 2010	预制预应力混凝土装配整体式框架结构技术规程
	JGJ/T258 - 2011	预制带肋底板混凝土叠合楼板技术规程
	JGJ2 - 79	工业厂房墙板设计与施工规程
	JGJ355 - 2015	钢筋套筒灌浆连接应用技术规程
	正在报批	装配式住宅建筑技术规程
	正在编制	工业化住宅建筑尺寸协调标准

（续表）

类　别	编　　号	名　　　　称
行业标准	正在编制	预制墙板技术规程
	JG/T398－2012	钢筋连接用灌浆套筒
	JG/T408－2013	钢筋连接用套筒灌浆料
	CECS40：92	混凝土及预制混凝土构件质量控制规程
	CECS43：92	钢筋混凝土装配整体式框架节点与连接设计规程
	CECS52：2010	整体预应力装配式板柱结构技术规程
		约束混凝土柱组合梁框架结构技术规程(报批)

参考文献

[1] 15G365－1,预制混凝土剪力墙外墙板[S].北京：中国计划出版社,2015.

[2] 15G365－2,预制混凝土剪力墙内墙板[S].北京：中国计划出版社,2015.

[3] 15G366－1,装配式混凝土结构表示方法及示例(剪力墙结构)[S].北京：中国计划出版社,2015.

[4] 15G367－1,预制钢筋混凝土板式楼梯[S].北京：中国计划出版社,2015.

[5] 15G368－1,预制钢筋混凝土阳台板、空调板及女儿墙[S].北京：中国计划出版社,2015.

[6] 15J939－1,装配式混凝土结构住宅建筑设计示例(剪力墙结构)[S].北京：中国计划出版社,2015.

[7] 15G107－1,桁架钢筋混凝土叠合板(60 mm 厚底板)[S].北京：中国计划出版社,2015.

[8] 15G310－1,装配式混凝土连接节点构造[S].北京：中国计划出版社,2015.

[9] 15G310－2,装配式混凝土连接节点构造[S].北京：中国计划出版社,2015.

[10] JGJ1－2014,装配式混凝土结构技术规程[S].北京：中国建筑工业出版社,2014.

[11] 戚豹.钢结构工程施工[M].北京：中国建筑工业出版社,2010.

[12] 张弘.现代木结构构造与施工[M].北京：中国建筑工业出版社,2012.

[13] 住房和城乡建设部住宅产业化促进中心.大力推广装配式建筑必读——制度·政策·国内外发展[M].北京：中国建筑工业出版社,2016.

[14] 住房和城乡建设部住宅产业化促进中心.大力推广装配式建筑必读——技术·标准·成本与效益[M].北京：中国建筑工业出版社,2016.

后 记

近年来国家及各省市均在大力推进建筑工业化，以促进建筑业持续健康发展，而装配式建筑正是建筑工业化实施的重要组成部分。2016 年 9 月 27 日，国务院常务会议审议通过了《关于大力发展装配式建筑的指导意见》，并下发各地、各单位贯彻落实。在《建筑产业现代化发展纲要》中明确提出“到 2020 年，装配式建筑占新建建筑的比例 20%以上，到 2025 年，装配式建筑占新建建筑的比例 50%以上”。在上海 2016 年起外环线以内符合条件的新建民用建筑全部采用装配式建筑，外环线以外超过装配式建筑比例需达到 50%；自 2017 年起外环以外在 50%基础上逐年增加。

装配式建筑正呈现出蓬勃发展的趋势，对专业设计、加工、施工、管理人员的需求也是巨大的。装配式建筑在设计、生产、施工方面都与传统现浇混凝土建筑有着较大区别。本书在编写过程中，努力反映我国目前在装配式建筑方面的新技术、新材料、新工艺以及设计的发展动态，以期能满足行业发展对人才培养的需求。

本书由陈锡宝、杜国城主编，潘立本、刘毅、汪晨武副主编，张建荣主审，本教材编写主要成员有杨伟、陈洪丽、曾军、刘登军、卢小希、齐福利、周海飞、朱虹。

本书在编写过程中，参阅和借鉴了有关文献资料，宝业集团有限公司、上海维启软件科技有限公司、上海建工集团、上海住总工程材料有限公司等单位工程技术人员给予了很大的支持，在此一并致以诚挚的感谢！

由于水平和时间有限，本书难免存在不妥之处，敬请读者批评指正。